KB217651

THE YEONA TABLE

매일 먹는 밥이니까

오늘도, 근사한 밥

여나테이블 김연아 지음

빛날;희

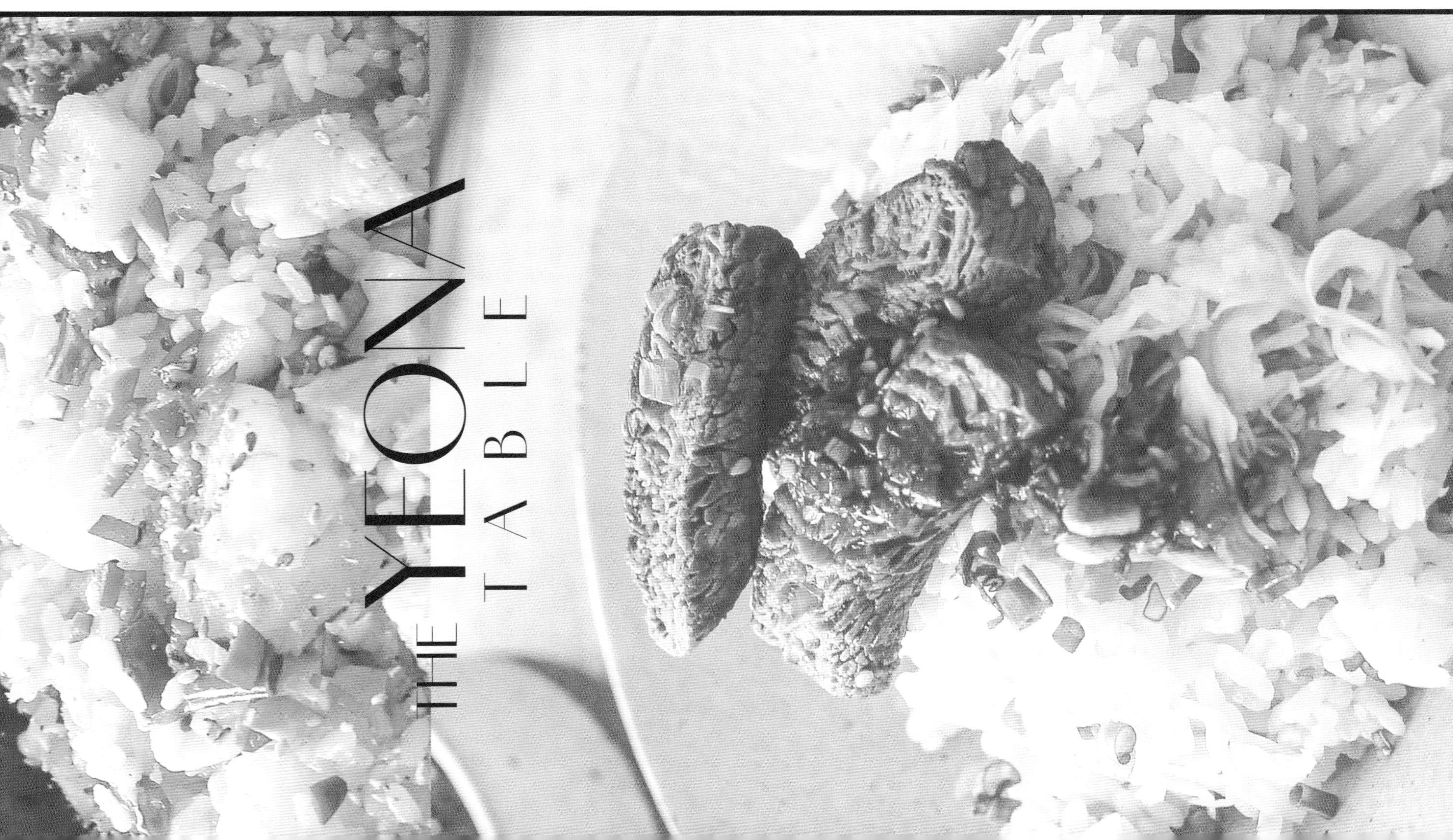

PROLOGUE

예쁘고 맛있고 든든한 밥으로 반짝반짝 빛나는 오늘

안녕하세요. 여나테이블 김연아입니다.

저의 두 번째 요리책 <오늘도, 근사한 밥>으로 인사드릴 수 있어 정말 기쁩니다. 이 책은 2023년 겨울에 구성안을 확정하고, 2024년 봄부터 원고를 쓰고 촬영에 들어갔습니다. 사계절이 지나고 새봄이 되어 세상에 나왔으니, 꽤 긴 시간이 소요되었습니다.

한국인이라면 모름지기 '밥' 아닌가요. 저는 맛있는 밥이 질 높은 삶을 이끈다고 믿고 있습니다. 사실 저는 오랫동안 남편과 자영업으로 살아온 터라, 집에서 먹는 밥 한 끼가 무척 소중했습니다. 솥밥을 짓기 시작한 것도 그 이유였습니다. 결과는 기대 이상이었고요. 저는 물론, 우리 가족 모두의 하루를 알차고 가치 있게 이끌었습니다. 그 덕에 지금은 가족과 함께하는 식사 시간을 가장 중요하게 생각하는 사람이 되었습니다. 하여 예쁘고 맛있고 든든한 밥 한 끼로 모두의 나날이 반짝반짝 빛이 나기를 바라는 마음으로 이 책을 완성했습니다.

책에서 가장 신경 쓴 부분은 처음 요리를 시작하는 사람부터 요리를 좋아하는 사람까지, 모두에게 흥미롭고 누구나 쉽게 따라 할 수 있도록 만드는 것입니다. 이를 위해 만드는 과정을 최대한 소상히 담았습니다. '솥밥' 파트는 이전 책보다 재료의 폭을 넓혀 다채롭습니다. 밥 요리와 함께 곁들여 먹을 수 있는 일품 메뉴도 제안, 밥을 중심으로 한 완벽한 상차림을 추구했습니다. 모쪼록 '예쁘고 맛있고 든든한 밥'에 공들인 지난 시간의 결과물이 널리 이롭게 쓰이기를 바랍니다.

끝으로 저의 레시피를 좋아하는 모든 분께 감사합니다. 책 작업을 하는 매 순간 쉽지 않았는데, 늘 다정한 위로와 아낌없이 응원해 준 남편, 항상 존재 자체로 든든한 우리 가족들에게도 진심으로 고맙습니다.

김연아

THE YEONA TABLE

CONTENTS

PROLOGUE 004

BASIC

여나테이블의 '도구' 014
여나테이블의 '육수' 016
여나테이블의 '쌀과 식재료' 018
여나테이블의 '양념' 020
여나테이블의 '요리를 시작하기 전 022

1 솥밥

솥밥의 기본 ••

백미솥밥
030

솥밥누룽지
033

보리쌀솥밥
034

현미솥밥
038

더 든든한 솥밥 ••

매운낙지볶음솥밥
044

깍두기명란솥밥
050

랍스터소고기솥밥
054

도라지오징어솥밥
060

닭한마리솥밥
066

더 즐거운 솥밥 ••

모둠버섯가지솥밥
074

우엉튀김을 올린
차돌박이 꽈리고추
조림솥밥 080

소고기카레솥밥
086

해산물토마토솥밥
090

두부소고기솥밥
094

더 깊은 맛 솥밥 ••

달래꼬막솥밥
100

숙성연어미나리솥밥
106

스테이크양배추솥밥
110

굴영양솥밥
114

밥새우연근조림솥밥
118

더 건강한 솥밥 ••

주키니호박대게살솥밥
124

콩나물돼지고기솥밥
128

더덕불고기솥밥
134

황태무솥밥
140

전복미역솥밥
144

2 프라이팬밥

김치눈꽃치즈밥
150

훈제오리단호박밥
154

초당옥수수가지고기밥
158

토마토올리브새우밥
162

돼지고기파인애플밥
166

키조개소갈빗살밥
170

3 볶음밥·덮밥·쌈밥

깍두기대패삼겹살볶음밥
+콩나물냉국
176

소고기고추장볶음밥
+오이우뭇가사리냉국
180

닭가슴살카레볶음밥
+돌나물묵사발냉국
186

파인애플새우볶음밥
+파프리카가지냉국
190

매콤두부부추덮밥
+명란젓양념
194

모둠버섯순두부덮밥
+오이마늘종겉절이
198

돼지고기가지덮밥
+바지락시금치볶음
202

감자달걀덮밥
+항정살마늘볶음
206

양념꼬막덮밥
+들깨숙주나물
210

미역줄기잡채덮밥
+단호박닭고기샐러드
214

죽순해물덮밥
+차돌박이영양부추샐러드
218

규(소고기)카츠덮밥
+전복채소냉채
222

고기말이양배추쌈밥
+배추굴국
226

유부베이컨말이밥
+양념바지락살감잣국
230

묵은지낙지말이밥
+소고기대파국
234

애호박연어말이밥
+조개미소장국
238

명란감태주먹밥&
멸치김주먹밥
+새우뭇국
242

4 죽·국밥

낙지김치죽
+달걀달래장조림
248

새우영양죽
+꽈리고추두부장조림
252

순두부국밥
+쪽파김치
256

해물콩나물국밥
+쪽파김치
260

소고기수육국밥
+백김치
264

아욱보리새우국밥
+백김치
268

다슬기해장국밥
+나박김치
272

새우된장국밥
+나박김치
276

차돌시래기국밥
+국물깍두기
280

얼큰버섯국밥
+국물깍두기
284

5 밥과 함께, 일품 메뉴

단호박닭고기샐러드
290

차돌박이영양부추샐러드
293

전복채소냉채
296

우뭇가사리오이냉국
300

콩나물냉국
302

돌나물묵사발냉국
304

파프리카가지냉국
306

배추굴국
308

양념바지락살감잣국
311

소고기대파국
314

새우뭇국
317

조개미소장국
320

백김치
323

나박김치
326

국물깍두기
329

오이마늘종겉절이
332

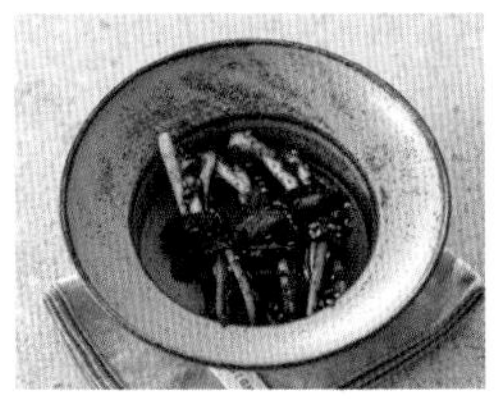
쪽파김치
334

명란젓양념
336

바지락시금치볶음
338

항정살마늘볶음
342

들깨숙주나물
346

달걀달래장조림
350

꽈리고추두부장조림
354

인덱스 358

BASIC

여나테이블의 '도구'

무쇠(주물)솥

- 윤기 나고 고슬고슬한 밥을 지을 수 있어요.
- 열을 고르게 전파해 밥맛이 좋아요.
- 묵직한 무게로 재료를 안정감 있게 볶을 수 있고, 수분 전파력이 뛰어나 밥이 아주 촉촉해요.
- 세척이 편리해 솥밥 입문자도 쉽게 사용할 수 있어요.
- 관리만 잘하면 평생 사용할 수 있어요.

추천 브랜드: 버미큘라, 르쿠르제, 헤슬바흐, 이와츄

유기솥

- 유기 소재 특성상 자체 항균력을 가지고 있어요.
- 예열 없이 사용해도 재료가 들러붙지 않아요.
- 열전도율이 높아 조리 시간이 짧아요.
- 관리만 잘하면 평생 사용할 수 있어요.

추천 브랜드: 여나솥

뚝배기

- 두툼한 내열토가 수분을 가두어 촉촉하고 찰진 밥을 지을 수 있어요.
- 열기가 오래 유지돼 음식이 빨리 식지 않아요.
- 두께나 넓이에 따라 조리 시간이 달라질 수 있으니 주의가 필요해요.

추천 브랜드: 가마도상, 나카가와, 이가모노, 화소반

스테인리스 솥

- 매끈한 소재로 사용감이 좋아 밥 짓기가 수월해요.
- 예열만 잘하면 볶음 요리에도 유용해요.
- 중간중간 재료를 추가하기 좋아요.
- 가볍고 세척하기 편해요.

추천 브랜드: 샐러드마스터, 비마이매직

조리 스푼&주걱

- 냄비나 팬에 스크래치를 최소화하는 제품을 사용해요

추천 브랜드: 장스목공방

도마

- 친환경 제품을 선호해요.

트레이

- 청결하고 반영구적인 스테인리스 제품을 선호해요.

추천 브랜드: 샐러드마스터, 키친툴

여나테이블의 '육수'

다시마 육수

사용 기간: 5일 이내

맛이 깔끔하고 감칠맛을 내주어 재료 본연의 맛을 살릴 수 있습니다. 책에 나오는 거의 모든 솥밥에 다시마 육수를 사용했습니다

재료

- □ 말린 다시마 5g
- □ 물 1,000mL

1 육수 용기에 분량의 다시마와 물을 넣고 실온에서 2시간 정도 그대로 둡니다.

2 다시마를 빼고 냉장 보관해 사용합니다.

홈메이드 육수 팩으로 만든 멸치 육수

사용기간: 7일 이내

책에 나오는 멸치 육수는 홈메이드 육수팩을 사용했습니다

재료

- ☐ 육수용 멸치(또는 솔치) 8g
- ☐ 말린 보리새우 2g
- ☐ 말린 다시마 2g
- ☐ 무말랭이 2g
- ☐ 말린 표고 2g
- ☐ 생분해 다시 팩(11.5×9.5cm, 쿠팡에서 구매)
- ☐ 물 1,500mL

1 다시 팩에 모든 재료를 넣고 밀봉 후 냉동실에 보관하고 필요할 때마다 한 팩씩 꺼내 사용합니다.

2 냄비에 분량의 물을 넣고 끓어오르면 육수 팩 1개를 넣고 15분 끓입니다.

3 곧바로 사용하거나 용기에 담아 냉장 보관해 사용합니다

* 말린 표고와 무말랭이는 말랭이여사 제품을, 말린 다시마와 다시용 멸치는 '금아건어물' 제품을 추천해요.

여나테이블의 '쌀과 식재료'

쌀은 맛있는 밥 요리에서 가장 중요한 식재료입니다.
다양한 품종의 쌀 중에서 제가 좋아하는 품종 몇 가지를 추천해 드릴게요. 취향에 맞는 것을 선택하되,
가족 구성원 수에 맞춰 짧은 기간 먹을 수 있을 만큼 구입하세요.

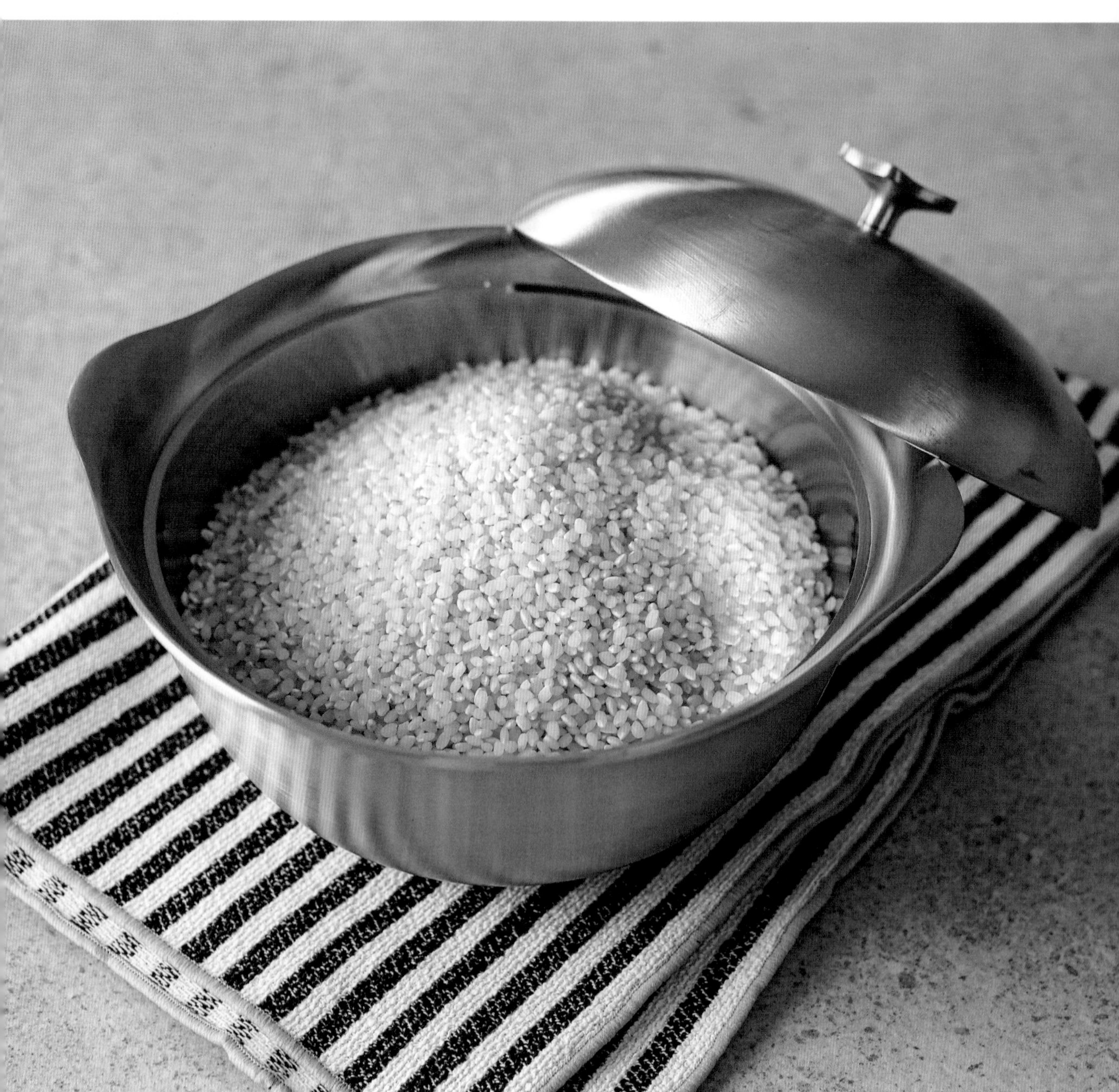

골든퀸3호

- 천연 팝콘 향, 특유의 누룽지 향이 매력적
- 야생 재래자원을 전통적 육종 방법으로 개발
- 윤기와 찰기가 있는 밥

추천 브랜드: 수향미, 조선향미

고시히카리

- 일본에서 개발, 국내에서도 인기 많은 쌀
- 쌀알이 맑고 투명
- 고슬고슬하고 윤기 나는 밥
- 찰기보다 고슬고슬한 식감을 원할 때 추천

추천 브랜드: 김포 생산 고시히카리쌀

히토메보레

- '고시히카리'와 '초성' 품종을 교배한 쌀
- 부드러운 식감과 적당한 찰기가 특징
- 호불호 없이 누구나 좋아하는 품종
- 전라도 해남에서 많이 생산

추천 브랜드: 이마트 한눈에 반한 쌀

자주 이용하는 식재료 구입처

소고기 & 돼지고기

모던한담: 질 좋은 고기를 특수 진공 포장해 2주간 냉장 보관할 수 있어요. 소포장 되어 사용하기 편리해요. 온오프라인 구매 가능

해산물 & 생선

생선파는며느리: 질 좋은 해산물과 생선을 세척 & 손질 후 소분 포장해서 판매. 그때그때 나오는 제철 해산물을 구입해 냉동실에 쟁여두고 사용하고 있어요. 온라인 구매 가능

신선 식품

마켓컬리·쿠팡프레시·오아시스: 신선하고 다양한 제품을 새벽 배송으로 받을 수 있어 거의 매일 아주 편리하게 이용해요. 온라인 구매 가능

여나테이블의 '양념'

간 맞출 때

양조간장

콩과 밀을 장기 발효해 만든 장으로 맛이 깔끔하고 달아요. 주로 가열하지 않는 요리나 밥과 곁들여 먹는 양념장에 사용합니다. 사용 브랜드: 샘표

진간장

여러 간장을 섞어 만든 혼합 간장. 진한 맛을 낼 수 있어 볶음 요리나 재료 밑간용으로 사용합니다. 사용 브랜드: 샘표

국간장

양조간장과 진간장보다 깊고 진한 맛의 간장. 염도가 높아 주로 국물 요리에 사용합니다.

사용 브랜드: 진한 맛을 내고 싶을 때는 '이로움', 맑은 국물 요리나 무침에는 '청정원'

초피액젓

멸치를 초피잎에 숙성해 만든 액젓. 무침, 찌개, 솥밥 등 다양한 음식에 활용합니다. 조미료 없이 감칠맛을 낼 수 있어 십수 년째 쟁여두고 사용합니다. 구입처: 와촌식품

참치액

참치를 훈연해 만든 가쓰오부시액에 간장을 넣어 맛을 낸 것으로 찌개나 국에 감칠맛을 낼 때 사용합니다.

구입처: 한라식품

굴소스

굴을 소금물에 넣고 발효시킨 중국식 양념. 주로 볶음이나 조림 요리에 깊은 맛을 낼 때 사용합니다.

고추장

메주, 찹쌀, 고춧가루 등을 섞어 발효시킨 우리 전통 양념.
사용 브랜드: 와촌식품, 청정원

잡내 잡을 때

맛술

당분이 들어간 쌀로 만든 조미술. 주로 고기나 해산물의 잡내를 잡을 때 사용합니다. 사용 브랜드: 롯데 '미림'

청주

맛술보다 달지 않은 쌀로 만든 술. 주로 고기나 생선의 잡내를 잡을 때 사용합니다.

식초

곡물이나 과일로 만든 술을 발효시켜 만든 조미료. 재료를 세척할 때나 기름진 재료에 어울리는 양념장을 만들 때, 개운한 무침 요리 등에 사용합니다.

사용 브랜드: 오뚜기 '2배사과식초'

생강즙

생강을 당분에 절여 만든 진액으로 비린내나 잡내를 잡을 때 사용합니다. 향이 강해 소량만 사용합니다.

구입처: 시루엘

단맛 살릴 때

올리고당

포도당과 과당이 결합해 설탕과 비슷한 단맛을 냅니다. 열량은 낮고 음식에 윤기를 냅니다. 주로 솥밥 양념장이나 볶음요리의 마무리용, 무침 등에 사용합니다.

사용 브랜드: 백설 '프락토올리고당'

매실청&오미자청

매실과 오미자를 설탕에 절여 만든 진액으로 주로 가열하지 않는 요리에 새콤달콤한 맛을 낼 때 사용합니다. 구입처: 와촌식품

조청

곡물로 만든 천연 감미료. 조림이나 볶음 요리에 사용합니다. 구입처: 와촌식품

고소한 맛 필요할 때

참기름

참깨에서 추출한 기름. 솥밥은 물론 무침, 각종 양념장 등에 사용합니다.

들기름

들깨에서 추출한 기름. 참기름과 비슷한 용도로 사용합니다.

참깨

주로 마무리 단계에 넣어 음식의 풍미를 살립니다. 구입처:자란

올리브유

올리브 열매에서 추출한 기름. 솥밥은 물론 각종 소스와 양념에 쓰입니다. 산도가 낮은 엑스트라 버진 제품을 사용합니다. 사용 브랜드: 라퐁

* 책 속의 식용유는 모두 포도씨유를 사용했습니다.

여나테이블의 '요리를 시작하기 전'

타이머를 준비하세요

솥밥은 시간 조절이 중요해요. 타이머를 옆에 두고 레시피대로 조리하면 한결 수월하게, 맛있는 솥밥을 지을 수 있어요.

불 조절을 숙지하세요

불 조절도 중요해요. 이 책에는 약불, 중불, 중약불, 중강불, 네 종류의 불 조절 방식이 있어요. 집마다 화력에 차이가 있으니, 레시피를 기준으로 우리 집 환경에 맞는 불 조절 노하우를 습득하세요.

뚜껑 개폐 여부

이 책에선 재료를 볶거나 넣을 때를 제외한 모든 경우 '뚜껑을 덮고' 조리해요. 뚜껑을 열고 조리해야 할 때에는 따로 '뚜껑을 열고'라고 표기했어요.

뜸 들이기는 필수

솔밥을 지을 때는 불을 끄고 뚜껑을 덮은 상태로 5분 뜸 들이는 과정이 필수예요. 그래야 쌀 속의 수분과 전분이 고루 퍼지면서 밥맛이 좋아져요. 함께 넣은 부재료들이 밥과 잘 어우러질 수 있게 하고요.

깨소금은 그때그때 만들어요

깨소금은 미리 만들어 놓지 말고 그때그때 절구에 갈아 사용하세요. 그래야 깨의 고소한 풍미가 살아나 솥밥의 완성도를 끌어올릴 수 있어요.

쌀 씻기 노하우

기본 쌀(백미)은 깨끗이 씻어 찬물에 30분 불린 후 체에 밭쳐 물기를 완전히 빼고 사용하세요. 쌀에 물기가 많으면 고슬고슬한 밥을 지을 수 없어요. 쌀은 채반에 넣은 상태에서 물을 틀고 손가락으로 살살 돌려가며 씻어요. 이렇게 하면 쌀알이 부서지지 않아요.

계량

- 1큰술(15cc 또는 15mL): 1T 계량스푼에 가득 찬 양
- 1작은술(5cc또는 5mL): 1t 계량스푼에 가득 찬 양
- 한 꼬집: 엄지와 검지로 한 번에 집을 수 있는 양
- 적당량: 맛에 큰 영향을 미치지 않으면서 색감을 내고 싶을 때 사용하는 기준으로 기호에 따라 조절
- 약간: 꼭 필요하지만 조금만 넣어야 할 때 사용하는 기준
- 액체는 계량컵(mL)을, 고체는 전자저울(g)을 사용해 계량했습니다.
- 양념은 주로 계량스푼을 사용했습니다.

THE YEONA
TABLE

1 PART

솥밥

PLUS TIP

스테인리스 솥

1 가볍고 관리·세척이 편리하며 다양한 재료를 추가해가며 사용하기 좋아요.

2 무쇠나 뚝배기처럼 묵직한 소재가 아니라서 그 부분을 보완하기 위해 백미9 : 찹쌀1로 혼합해 밥을 지어요.

뚝배기

1 묵직한 내열토 소재로 밥을 지으면 빨리 식지 않아 좋아요.

2 뚝배기의 두께나 넓이에 따라 조리 시간이 약간 달라질 수 있는 부분을 염두하고 사용합니다.

무쇠솥

1 조리 시 음식에 열이 고르게 퍼져 밥을 지으면 맛있어요.

2 세척과 관리가 편해서 솔밥 입문자들도 쉽게 사용할 수 있어요. (에나멜 코팅이 되어 있지 않은 단순 무쇠 제품은 관리에 유의하세요.)

유기솥

1 열 전도율이 매우 높으므로 요리 시간이 단축되고 예열이 필요 없어 조리가 편리해요.

2 유기 소재는 우수한 자체 향균력을 가지고 있고 관리만 잘 하면 반영구적으로 사용 가능합니다. (예열 없이 바로 요리하세요.)

솥밥의 기본

백미솥밥 +누룽지

재료 2~3인분

- □ 쌀(백미) 300g
- □ 다시마 육수 300mL p.16 만드는 법 참조

만들기

1 쌀은 깨끗이 씻어 찬물에 30분 불린 후 채반에 건져 놓고, 다시마 육수도 미리 만들어 놓는다.

2 무쇠솥에 불린 쌀을 넣고 분량의 다시마 육수를 붓는다.

3 뚜껑을 덮고 중강불에서 5분 조리한다.

TIP 5분 지나 밥물이 끓지 않는다면 끓을 때까지 기다리세요.

4 밥물이 끓어오르면 약불로 줄이고 10분 조리 후 불을 끈다.

5 이 상태로 5분 뜸 들인다.

6 주걱으로 골고루 섞는다.

솥밥누룽지

1 백미솥밥 만들기 과정을 ①~④까지 한 다음 약불로 10분 더 조리한다.

2 밥을 그릇에 모두 퍼 담는다.

3 누룽지 위에 끓는 물을 붓고 뚜껑을 덮는다. 이 상태로 15분 이상 둔다.

4 주걱으로 잘 젓는다.

보리쌀솥밥

재료 2~3인분

☐ 찰보리 250g

☐ 다시마 육수 280mL p.16 만드는 법 참조

만들기

1 찰보리는 깨끗이 씻어 물기를 뺀다.

TIP 삶아서 조리하므로 미리 불리지 않아요.

2 냄비에 보리와 물(1,000mL)을 넣고 끓인다.

3 재료가 끓기 시작하면 중강불에서 중간중간 주걱으로 저어가며 15분 삶는다.

4 삶은 보리는 채반에 밭쳐 물기를 완전히 뺀다.

5 솥에 삶은 보리와 다시마 육수를 붓고 중불에서 5분 조리한다.

6 밥물이 끓어오르면 약불로 줄여 15분 조리 후 불을 끈다.

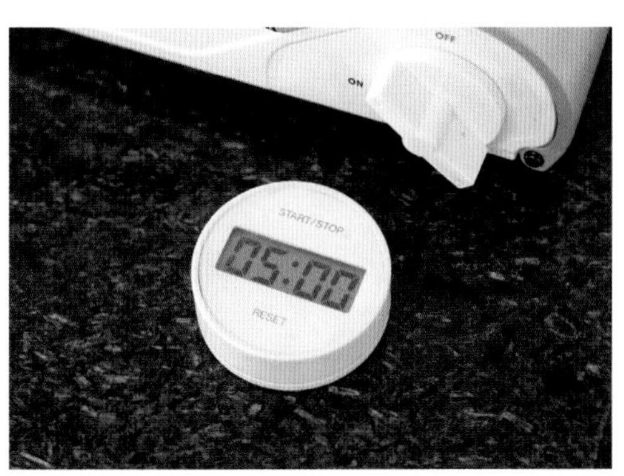

7 이 상태로 5분 뜸 들인다.

8 주걱으로 골고루 섞는다.

현미솥밥

재료

2~3인분

- □ 찹쌀현미 300g
- □ 다시마 육수 350mL p.16 만드는 법 참조

만들기

1 찹쌀현미는 깨끗이 씻어 찬물에 담가 반나절 불린다.

TIP 전날 씻어 냉장고에 넣어둬도 돼요.

2 불린 현미는 채반에 밭쳐 물기를 완전히 뺀다.

3 솥에 불린 현미와 다시마 육수를 넣고 뚜껑을 덮은 후 중강불에서 5분 조리한다.

TIP 현미는 백미보다 물 양이 많아요.

4 밥물이 끓어오르면 약불로 줄여 20분 조리 후 불을 끈다.

5 이 상태로 5분 뜸 들인 후 주걱으로 골고루 섞는다.

ml 2500
2000
1500
1000

매운 낙지볶음솥밥

재료 2~3인분

- ☐ 쌀(백미 270g, 찹쌀 30g) 300g
- ☐ 다시마 육수 270mL p.16 만드는 법 참조
- ☐ 낙지 350g
- ☐ 주키니호박 130g
- ☐ 콩나물 100g
- ☐ 양파 50g
- ☐ 대파 1/2대
- ☐ 부추 30g
- ☐ 올리고당 1큰술
- ☐ 참기름 1큰술
- ☐ 국간장 1큰술
- ☐ 식용유 적당량
- ☐ 깨소금 적당량

낙지 양념

- ☐ 고춧가루 3큰술
- ☐ 진간장 2큰술
- ☐ 고추장 1큰술
- ☐ 설탕 1큰술
- ☐ 조미술(미림) 1큰술
- ☐ 다진 마늘 1작은술

만들기

1 쌀은 깨끗이 씻어 찬물에 30분 불린 후 채반에 건져 놓고, 다시마 육수도 미리 만들어 놓는다.

2 낙지는 깨끗이 씻어 끓는 물에 1분 데친 후 4~5cm 길이로 썬다.

3 콩나물은 잔뿌리를 제거하고 깨끗이 씻어 물기를 뺀다.

4 주키니호박은 4cm 길이로 썬다. 양파는 도톰하게 채 썰고, 대파는 어슷하게 썬다.

5 부추는 잘게 송송 썬다.

6 볼에 분량의 낙지 양념 재료를 모두 넣고 잘 섞어 숙성한다.

TIP 전날 미리 만들어 놓으면 더 맛있어요.

7 솥에 쌀과 다시마 육수, 분량의 국간장을 넣고 섞는다.

TIP 바닥이 넓은 솥을 사용하면 밥이 완성된 후 섞어 먹기 좋아요.

8 쌀 위에 콩나물을 올리고 뚜껑을 덮은 후 중강불에서 5분 조리한다.

9 밥물이 끓기 시작하면 약불로 줄여 10분 조리 후 불을 끈다.

10 밥이 되어가는 사이 달군 팬에 식용유를 살짝 두르고 호박과 양파를 볶다가 데친 낙지와 양념장을 넣고 물기가 생기지 않게 재빨리 볶는다.

11 대파, 올리고당, 참기름을 넣고 잘 섞는다.

12 밥 위에 낙지볶음과 부추를 올리고 뚜껑을 덮는다.

13 이 상태로 5분 뜸 들인다.

14 깨소금을 보기 좋게 뿌리고 식탁에 낸다.

깍두기명란솥밥

재료

2~3인분

- ☐ 쌀(백미 270g, 찹쌀 30g) 300g
- ☐ 다시마 육수 300mL p.16 만드는 법 참조
- ☐ 백명란(저염) 150g
- ☐ 익은 깍두기 150g
- ☐ 마늘 30g
- ☐ 영양부추 30g
- ☐ 들기름 2큰술
- ☐ 양조간장 1큰술
- ☐ 깨소금 1큰술
- ☐ 설탕 1작은술

만들기

1 쌀은 깨끗이 씻어 찬물에 30분 불린 후 채반에 건져 놓고, 다시마 육수도 미리 만들어 놓는다.

2 명란은 껍질을 벗기고 으깬다.

3 깍두기는 칼로 잘게 다지듯 썰고 분량의 설탕을 넣고 밑간한다.

4 마늘은 가로로 3~4등분하고 부추는 잘게 송송 썬다.

5 예열한 솥을 한 김 식힌 후 들기름(1큰술)을 두르고 마늘을 볶다가 깍두기를 넣고 함께 볶는다.

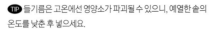

TIP 들기름은 고온에선 영양소가 파괴될 수 있으니, 예열한 솥의 온도를 낮춘 후 넣으세요.

6 불린 쌀을 넣고 재료가 잘 섞이게 골고루 볶는다.

7 분량의 다시마 육수와 양조간장을 넣고 잘 섞은 후 충분히 볶다가 뚜껑을 덮는다. 이 상태로 중불에서 5분 조리한다.

8 밥물이 끓어오르면 약불로 줄이고 10분 조리 후 불을 끈다.

9 밥 위에 잘게 썬 부추를 보기 좋게 뿌리고 명란을 올린 다음 뚜껑을 덮는다. 이 상태로 5분 뜸 들인다.

10 들기름(1큰술)과 깨소금을 뿌려 식탁에 낸다.

랍스터소고기솥밥

재료

2~3인분

- □ 쌀(백미 270g, 찹쌀30g) 300g
- □ 다시마 육수 300mL
  p.16 만드는 법 참조
- □ 랍스터테일 100~120g
- □ 소고기(등심) 200g
- □ 가지 1개
- □ 영양부추 적당량
- □ 올리브유 1큰술
- □ 진간장 1큰술
- □ 국간장 1큰술
- □ 소금 적당량
- □ 후춧가루 약간

랍스터 밑간

- □ 조미술(청주) 1큰술
- □ 다진 마늘 1큰술
- □ 녹인 버터 10g
- □ 후춧가루 약간

TIP 들어가는 재료가 많으니 크기가 넉넉한 솥을 사용하세요.

만들기

1 쌀은 깨끗이 씻어 찬물에 30분 불린 후 채반에 건져 놓고, 다시마 육수도 미리 만들어 놓는다.

2 육수는 분량의 국간장과 소금 한 꼬집을 넣어 잘 섞어 놓는다.

3 랍스터테일은 해동 후 흐르는 물에 깨끗이 씻어 찬물에 30분 담가 짠맛을 제거한다.

4 가지는 세로로 4~5등분한 뒤 3~4cm 길이로 썰고, 부추는 잘게 송송 썬다.

5 소고기는 2.5cm 두께로 깍둑썰기하고 소금과 후춧가루로 밑간한다.

TIP 소고기는 채끝살이나 등심 부위를 추천해요.

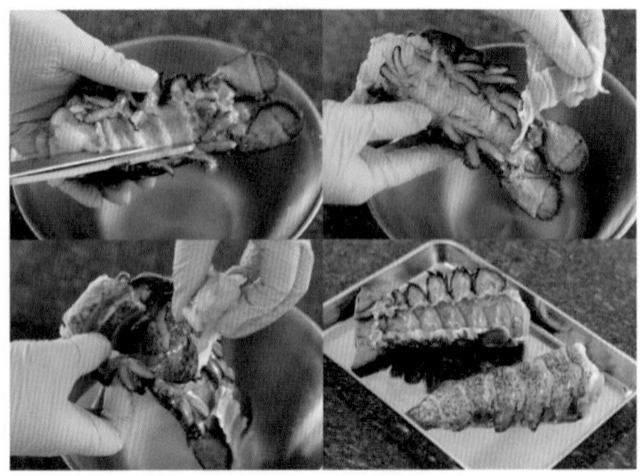

6 랍스터테일에 있는 물기를 제거하고 배 양쪽을 가위로 잘라 살과 분리한다.

7 볼에 분량의 랍스터 밑간 재료를 넣고 잘 섞어 분리한 랍스터 살에 골고루 바른다.

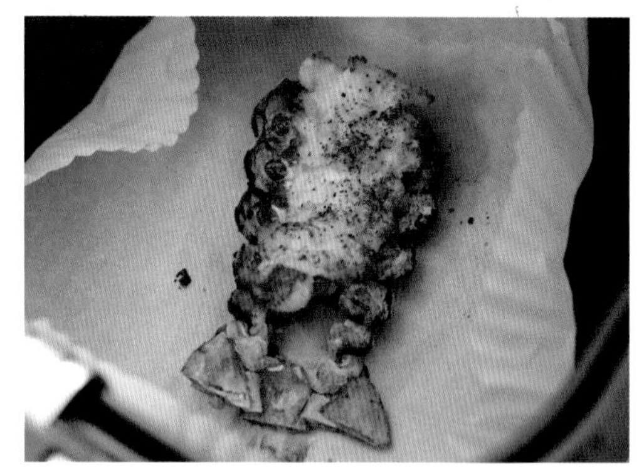

8 양념한 살을 다시 껍질 속에 넣고 180도 에어프라이어(또는 오븐)에서 10분 조리한다.

9 예열한 솥을 한 김 식힌 후 분량의 올리브유를 두르고 소고기를 겉이 노릇해질 때까지 볶아 내놓는다.

10 키친타월로 팬 위의 기름을 적당히 닦아낸 후 가지와 불린 쌀, 진간장을 넣고 볶는다.

11 분량의 다시마 육수를 붓고 재료를 잘 섞은 후 뚜껑을 덮는다. 중불에서 5분 조리한다.

12 밥물이 끓어오르면 약불로 줄이고 5분 조리한다.

13 소고기를 올리고, 5분 더 조리 후 불을 끈다.

14 구운 랍스터 살을 먹기 좋은 크기로 자른다.

15 밥 위에 랍스터 살을 올리고 부추를 보기 좋게 뿌린 후 뚜껑을 덮는다. 이 상태로 5분 뜸 들여 식탁에 낸다.

TIP 이때 토치로 고기에 불 향을 입히면 고기의 맛이 한결 좋아져요

도라지오징어솥밥

재료 2~3인분

- □ 쌀(백미 270g, 찹쌀 30g) 300g
- □ 다시마 육수 300mL p.16 만드는 법 참조
- □ 도라지(깐 것) 100g
- □ 오징어 1마리
- □ 당근 50g
- □ 부추 적당량

도라지 전처리

- □ 물 1,000mL
- □ 식초 1큰술

오징어 양념

- □ 진간장 1큰술
- □ 올리고당 1큰술
- □ 조미술(미림) 1큰술
- □ 식용유 1큰술
- □ 참기름 1큰술
- □ 다진 마늘 1작은술

밥 양념장

- □ 대파 흰 부분(다진 것) 1/2대 분
- □ 양조간장 3큰술
- □ 고춧가루 1큰술
- □ 매실액 1큰술
- □ 참기름 1큰술
- □ 통깨 1큰술
- □ 올리고당 1/2큰술

만들기

1 쌀은 깨끗이 씻어 찬물에 30분 불린 후 채반에 건져 놓고, 다시마 육수도 미리 만들어 놓는다.

2 도라지는 얇게 채 썰어 분량의 전처리 재료에 15분 담그고 흐르는 물에 한 번 헹궈 물기를 뺀다.

TIP 이렇게 하면 도라지의 쓴맛을 제거하는 데 도움이 됩니다.

3 오징어는 깨끗이 씻어 칼집을 넣은 뒤 몸통은 5cm 길이로 썰고, 다리는 잘게 썬다.

4 볼에 분량의 오징어 양념 재료를 넣고 잘 섞은 후 썰어둔 오징어를 넣고 밑간한다.

5 당근은 다지듯 썰고 부추는 잘게 송송 썬다.

6 볼에 분량의 양념장 재료를 모두 넣고 잘 섞어 놓는다.

7 예열한 팬에 식용유를 두르고 도라지를 볶아 그릇에 옮긴다.

8 예열한 솥을 한 김 식혀 참기름을 두르고, 양념한 오징어를 넣고 살짝 볶은 후 도라지를 담아 놓은 그릇에 옮긴다.

9 오징어를 볶고 양념이 남아 있는 솥에 그대로 당근과 불린 쌀을 넣고 볶는다.

10 오징어에서 나온 양념이 모두 없어질 때까지 볶다가 다시마 육수를 붓고 잘 섞는다. 뚜껑을 덮고 중불에서 5분 조리한다.

11 밥물이 끓어오르면 약불로 줄이고 5분 조리한다.

12 도라지와 오징어를 넣고 다시 5분 조리 후 불을 끈다.

13 이 상태로 5분 뜸 들인 후 잘게 썬 부추를 보기 좋게 뿌려 양념장과 함께 낸다.

STAINLESS STEEL

닭한마리솥밥

재료

3~4인분

- □ 쌀(백미) 400g
- □ 찹쌀 50g
- □ 생닭 1마리(850g)
- □ 닭 육수 450mL
- □ 새싹 삼 3뿌리
- □ 애호박 70g
- □ 당근 50g
- □ 쪽파 20g
- □ 감자 1개
- □ 참기름 1큰술
- □ 다진 마늘 1작은술
- □ 소금 1작은술

닭 삶음

- □ 삼계탕용 한방재료 1팩(30g)
- □ 통마늘 50g
- □ 청주 2큰술

양념장

- □ 잘게 썬 영양부추 20g
- □ 양조간장 4큰술
- □ 물(또는 다시마 육수) 2큰술
- □ 고춧가루 1큰술
- □ 올리고당 1큰술
- □ 식초 1큰술
- □ 통깨 1큰술

만들기

1 분량의 멥쌀과 찹쌀을 잘 씻어 찬물에 30분 불린 후 채반에 건져 물기를 뺀다.

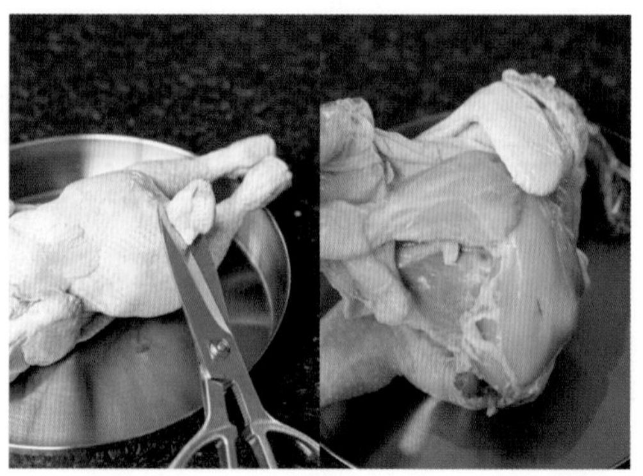

2 닭은 꽁지, 지방, 날개 아랫부분을 제거하고 껍질을 벗긴다.

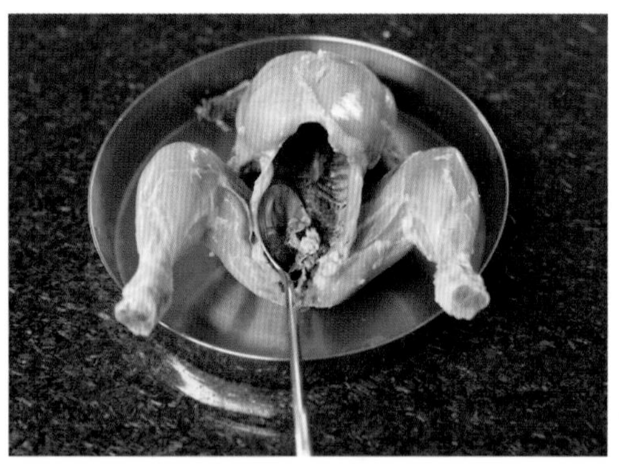

3 그런 다음 숟가락으로 안쪽을 긁어낸 뒤 가볍게 헹군다.

4 냄비에 물(2,000mL)을 붓고 손질한 닭과 닭 삶음 재료를 넣고 강불에서 뚜껑을 연 상태로 끓인다. 국물이 끓기 시작하면 뚜껑을 덮고 중약불에서 40분 더 끓인다.

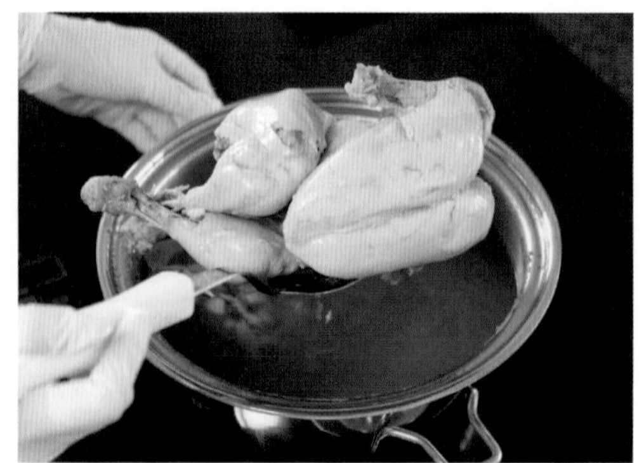

5 닭고기를 건져 식히고, 나머지 재료들도 모두 꺼낸다.

6 면포에 육수를 걸러 기름과 불순물을 제거해 닭 육수를 준비한다.

7 감자, 애호박, 당근은 잘게 다지듯 썰고, 쪽파는 잘게 송송 썬다.

8 식은 닭고기는 손으로 살만 발라 잘게 찢는다.

9 볼에 분량의 양념장 재료를 모두 넣고 잘 섞는다.

10 예열한 솥을 한 김 식힌 후 분량의 참기름과 다진 마늘을 넣고 볶다가 불린 쌀을 넣고 쌀알이 투명해질 때까지 볶는다.

11 분량의 닭 육수에 소금을 넣고 잘 섞은 후 밥솥에 붓는다.

TIP 남은 닭 육수는 냉동 보관 후 다른 요리에 사용하세요.

12 당근, 감자, 애호박을 올리고 뚜껑을 덮은 후 중불에서 5분 조리한다.

13 밥물이 끓어오르면 약불로 줄여 10분 조리 후 불을 끈다.

14 밥 위에 찢어놓은 닭고기를 올리고 쪽파를 보기 좋게 뿌린 후 뚜껑을 덮는다. 이 상태로 5분 뜸 들인다.

15 새싹 삼을 올린 후 양념장과 함께 낸다.

더 즐거운 솔밥

STAUB

모둠버섯가지솥밥

재료 2~3인분

- ☐ 쌀(백미) 300g
- ☐ 다시마 육수300mL p.16 만드는 법 참조
- ☐ 가지 1개
- ☐ 팽이버섯 60g
- ☐ 새송이버섯 60g
- ☐ 표고 40g
- ☐ 고기느타리버섯 80g
- ☐ 다진 소고기 150g
- ☐ 올리고당 1큰술
- ☐ 깨소금 1큰술
- ☐ 국간장 1/2큰술
- ☐ 소금 약간
- ☐ 쪽파 적당량

버섯 양념

- ☐ 다진 마늘 1큰술
- ☐ 참기름 1큰술
- ☐ 소금 1작은술
- ☐ 후춧가루 약간

고기 양념

- ☐ 진간장 2큰술
- ☐ 조미술(미림) 1큰술
- ☐ 설탕 1작은술

TIP 바닥면이 넓은 무쇠솥을 사용하면 조리 시 편리합니다.

만들기

1 쌀은 깨끗이 씻어 찬물에 30분 불린 후 채반에 건져 놓고, 다시마 육수도 미리 만들어 놓는다.

2 육수는 분량의 국간장을 넣어 잘 섞어 놓는다.

3 가지는 깨끗이 씻어 꼭지 바로 아랫부분부터 세로로 4~5등분 한다. 그런 다음 안쪽에 소금을 살짝 뿌린다.

4 새송이버섯, 표고, 팽이버섯은 잘게 썰고, 고기느타리버섯은 결대로 찢는다.

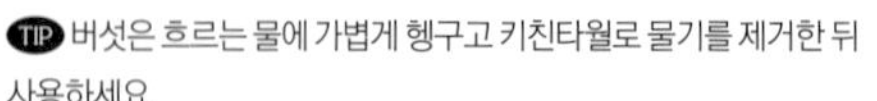

TIP 버섯은 흐르는 물에 가볍게 헹구고 키친타월로 물기를 제거한 뒤 사용하세요.

5 그릇에 고기느타리버섯을 제외한 모든 버섯을 담고, 분량의 버섯 양념 재료를 넣고 잘 섞어 밑간한다.

6 다진 소고기는 키친타월로 핏물을 제거하고, 분량의 고기 양념 재료를 넣고 잘 섞어 밑간한다.

7 예열한 솥을 한 김 식힌 후 밑간한 버섯을 넣고 볶는다.

8 불린 쌀을 넣고 버섯과 함께 잘 섞은 후 분량의 육수를 붓는다.

9 중앙에 가지를 올리고 가지 양쪽으로 고기느타리버섯을 올린다. 뚜껑을 열고 밥물이 끓어오를 때까지 조리한다.

10 뚜껑을 덮고 약불로 줄여 15분 조리 후 불을 끈다.

11 달군 팬에 소고기를 넣고 양념이 잘 스며들 때까지 볶다가 올리고당을 넣고 잘 섞는다.

12 완성한 밥 위에 볶은 소고기를 올리고 뚜껑을 덮는다.

13 이 상태로 5분 뜸 들인다.

14 잘게 썬 쪽파와 깨소금을 보기 좋게 뿌려 낸다.

TIP 가지는 찢어서 골고루 섞어 드세요.

우엉튀김을 올린 차돌박이꽈리고추조림솥밥

재료 2~3인분

- □ 쌀(백미) 300g
- □ 다시마 육수 300mL
  p.16 만드는 법 참조
- □ 소고기(차돌박이) 150g
- □ 꽈리고추 100g
- □ 우엉 100g
- □ 영양부추 적당량
- □ 조청 1큰술
- □ 올리브유 1큰술
- □ 깨소금 1큰술
- □ 식초 적당량
- □ 식용유 적당량

조림 양념

- □ 진간장 4큰술
- □ 다시마 육수 3큰술
- □ 조미술(미림) 1큰술
- □ 설탕 1작은술
- □ 생강즙 1작은술

튀김

- □ 전분가루 1큰술
- □ 소금 한 꼬집

만들기

1 쌀은 깨끗이 씻어 찬물에 30분 불린 후 채반에 건져 놓고, 다시마 육수도 미리 만들어 놓는다.

2 우엉은 필러로 껍질을 벗기고 얇게 썬다.

3 그런 다음 옅은 식촛물에 10분 담갔다 깨끗이 헹구고 물기를 완전히 제거한다.

TIP 식촛물에 담그면 우엉 특유의 쓴맛과 갈변을 막을 수 있어요.

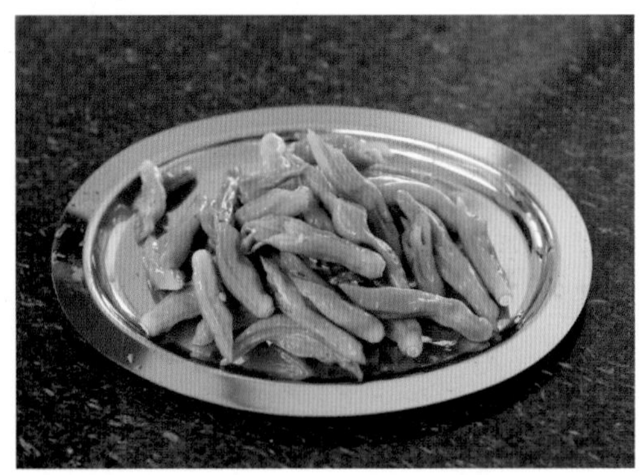

4 꽈리고추는 크기에 따라 2~3등분으로 어슷썰기 한다.

5 고기는 키친타월로 핏물을 제거하고 3~4등분한다.

6 볼에 분량의 조림 양념 재료를 모두 넣고 잘 섞는다.

7 손질한 우엉을 분량의 튀김 재료와 함께 골고루 섞는다.

TIP 이때 우엉에 물기가 없어야 해요.

8 팬에 식용유를 넉넉히 두르고 예열한 다음 우엉을 넣고 노릇하게 튀겨 낸다.

9 예열한 팬에 차돌박이를 넣고 달달 볶는다.

10 꽈리고추와 양념장을 넣고 뚜껑을 덮은 상태로 5분, 뚜껑을 열고 10분 조리한다.

11 분량의 조청을 넣고 잘 섞어 조림을 완성한다.

12 솥에 불린 쌀과 다시마 육수, 올리브유를 넣고 잘 섞은 후 뚜껑을 열고 중강불에서 5분 조리한다.

13 밥물이 끓어오르면 약불로 줄이고 뚜껑을 덮은 상태로 13분 조리 후 불을 끈다.

14 완성한 밥 위에 차돌박이꽈리고추조림을 올리고 뚜껑 덮는다. 이 상태로 5분 뜸 들인다.

15 부추를 잘게 송송 썰어 보기 좋게 뿌리고, 우엉튀김을 얹은 후 깨소금을 뿌려 낸다.

소고기카레솥밥

재료 3~4인분

- ☐ 쌀(백미) 400g
- ☐ 다시마 육수 380mL p.16 만드는 법 참조
- ☐ 소고기(등심) 200g
- ☐ 양송이버섯 80g
- ☐ 브로콜리 50g
- ☐ 양파 1개
- ☐ 대파 1/2대
- ☐ 고형 카레 80g
- ☐ 가염 버터 15g
- ☐ 강황 분말 한 꼬집
- ☐ 쪽파 적당량
- ☐ 통깨 적당량
- ☐ 후춧가루 약간

만들기

1 쌀은 깨끗이 씻어 찬물에 30분 불린 후 채반에 건져 30분 그대로 두고, 다시마 육수도 미리 만들어 놓는다.

TIP 점성이 있는 재료(카레)와 함께 밥을 지을 때는 쌀을 조금 더 불려야 잘 익어요.

2 고기는 2×2cm 크기로 굵직하게 깍둑썰기하고 후춧가루를 뿌려 놓는다.

3 양송이버섯은 도톰하게 채 썰고, 브로콜리는 줄기를 제거하고 송이 부분만 깨끗이 씻는다.

4 양파는 얇게 채 썰고 대파는 잘게 다지듯 썬다.

5 예열한 솥을 한 김 식히고 약불에서 버터를 녹인 다음, 양파와 대파를 넣고 양파 색이 진해질 때까지 볶는다.

6 고기를 넣고 겉면이 익을 때까지 볶는다.

7 다시마 육수(200mL)를 붓고 뚜껑을 연 상태로 조리하다가 국물이 끓어오르면 뚜껑을 덮고 10분 조리한다.

8 분량의 고형 카레를 넣고 잘 저어가며 녹인다.

9 브로콜리와 양송이버섯을 넣고 골고루 섞는다.

10 불린 쌀과 강황 분말을 넣고 쌀알에 재료의 맛이 스며들도록 골고루 섞어가며 볶는다.

TIP 이때 쌀을 충분히 볶아야 밥이 맛있게 잘 돼요. 약한 불에서 재료가 타지 않게 볶아주세요.

11 남은 다시마 육수(180mL)를 붓고 잘 섞는다. 뚜껑을 덮고 약불에서 20분 조리 후 불을 끈다.

12 이 상태로 5분 뜸 들인 후 잘게 송송 썬 쪽파와 통깨를 보기 좋게 뿌려 낸다.

해산물토마토솥밥

재료 2~3인분

- ☐ 쌀(백미) 300g
- ☐ 다시마 육수 80mL p.16 만드는 법 참조
- ☐ 오징어 몸통 1마리분
- ☐ 새우(대하) 130g
- ☐ 토마토퓌레 200g
- ☐ 완숙 토마토 1개
- ☐ 다진 마늘 1큰술
- ☐ 올리브유 1큰술
- ☐ 화이트와인 1큰술
- ☐ 소금 1작은술
- ☐ 설탕 1작은술
- ☐ 그라나파다노 치즈 약간
- ☐ 부추 적당량

만들기

1 쌀은 깨끗이 씻어 찬물에 30분 불린 후 채반에 건져 30분 그대로 두고, 다시마 육수도 미리 만들어 놓는다.

TIP 점성이 있는 재료(토마토퓌레)와 함께 밥을 지을 때는 쌀을 조금 더 불려야 잘 익어요.

2 오징어는 깨끗이 씻어 3×3cm 크기로 큼직하게 썬다.

3 새우는 껍질을 벗기고 머리와 이쑤시개로 등 쪽 내장을 제거한 뒤 깨끗이 씻어 송송 썬다.

4 토마토는 깨끗이 씻은 후 아랫부분에 깊게 열십자(+)로 칼집을 넣고 꼭지 부분을 잘라 그대로 덮어 놓는다.

5 예열한 솥을 한 김 식힌 다음 올리브유를 두르고 다진 마늘을 넣고 볶는다. 그런 다음 손질한 오징어와 새우, 화이트와인을 넣고 알코올 향이 날아갈 때까지 볶는다.

6 분량의 토마토퓌레와 설탕을 넣고 골고루 섞은 후 한소끔 끓인다.

7 불린 쌀과 분량의 소금을 넣고 잘 섞어가며 충분히 볶는다.

8 분량의 다시마 육수를 붓고 잘 섞은 후 뚜껑을 덮고 중불에서 조리한다.

9 밥물이 끓어오르면 중앙에 토마토를 올리고 뚜껑을 덮어 약불에서 15분 조리한다.

10 불을 끄고 이 상태로 5분 뜸 들인다. 그런 다음 부추를 잘게 송송 썰어 보기 좋게 뿌리고 식탁에 낸다.

11 먹기 전 그라나파다노 치즈 가루를 원하는 만큼 뿌린다.

TIP 토마토는 꼭지 부분을 제거하고 주걱으로 으깨 밥과 함께 골고루 섞어 먹습니다.

두부소고기솥밥

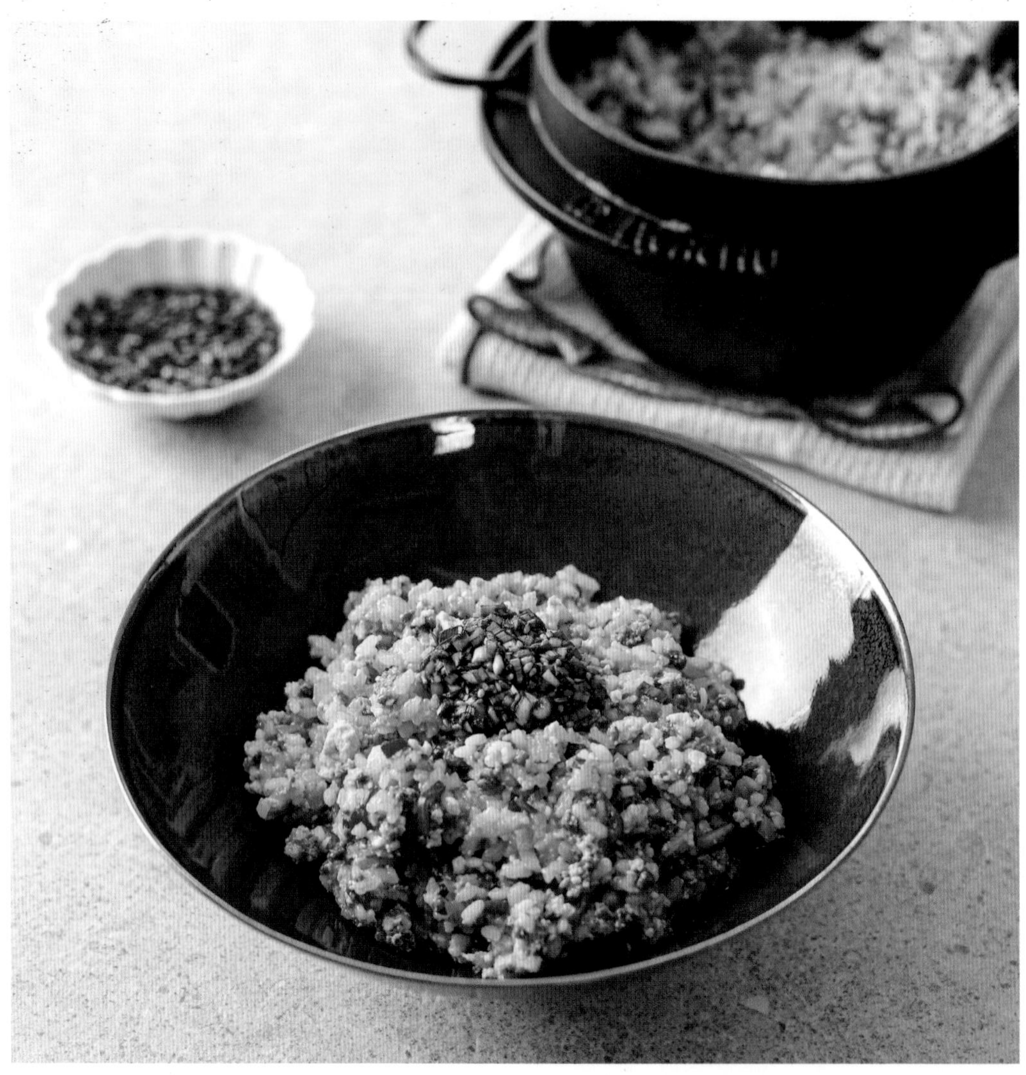

재료 2~3인분

- □ 쌀(백미) 300g
- □ 다시마 육수 270mL
  p.16 만드는 법 참조
- □ 두부 150g
- □ 다진 소고기 100g
- □ 부추 40g
- □ 양파 60g
- □ 대파 흰 부분 1/2대
- □ 홍고추 1개
- □ 참기름 1큰술
- □ 통깨 1큰술

고기 양념

- □ 진간장 1큰술
- □ 조미술(미림) 1큰술
- □ 다진 마늘 1작은술

밥 양념장

- □ 양조간장 3큰술
- □ 올리고당 1큰술
- □ 참기름 1큰술
- □ 통깨 1큰술
- □ 식초 1/2큰술
- □ 다진 청양고추 1개분
- □ 부추 적당량

만들기

1 쌀은 깨끗이 씻어 찬물에 30분 불린 후 채반에 건져 놓고, 다시마 육수도 미리 만들어 놓는다.

2 불린 쌀을 담아 놓은 채반에 분량의 두부를 넣고 으깬 뒤 쌀과 함께 섞는다.

TIP 두부는 키친타월로 수분을 제거하고 사용하세요. 손으로 먼저 두부를 으깨고 쌀과 함께 섞어야 쌀이 부서지지 않아요.

3 양파와 대파는 다지듯 잘게 썬다.

4 부추는 잘게 송송 썬다. 홍고추도 잘게 다지듯 썬다.

5 썰어 놓은 부추의 2/3 분량을 볼에 담고, 나머지 분량의 양념장 재료도 함께 넣어 잘 섞는다.

TIP 남은 부추는 고명으로 사용할 거예요.

6 예열한 솥을 한 김 식힌 후 분량의 참기름을 두르고 대파와 양파를 볶는다.

7 다진 고기와 고기 양념 재료를 모두 넣고 고기가 익을 때까지 볶는다.

8 두부와 섞어 놓은 쌀을 넣고 재료에 고기 양념이 잘 스며들도록 충분히 볶는다.

9 분량의 다시마 육수를 넣고 잘 섞은 후 뚜껑을 열고 중불에서 조리한다.

10 밥물이 끓어오르면 뚜껑을 덮고 약불에서 15분 조리 후 불을 끈다.

11 밥 위에 남겨둔 부추를 뿌리고 홍고추를 올린 후 뚜껑을 덮는다. 이 상태로 5분 뜸 들인다.

12 통깨를 골고루 뿌리고 양념장을 곁들여 낸다.

더 깊은 맛 솥밥

달래꼬막솔밥

재료 2~3인분

- ☐ 쌀(백미) 300g
- ☐ 다시마 육수 300mL p.16 만드는 법 참조
- ☐ 새꼬막 500g
- ☐ 달래 60g
- ☐ 당근 60g
- ☐ 된장 1큰술
- ☐ 청주 1큰술

달래꼬막 양념장

- ☐ 진간장 3큰술
- ☐ 고춧가루 1큰술
- ☐ 조미술(미림) 1큰술
- ☐ 올리고당 1큰술
- ☐ 참기름 1큰술
- ☐ 통깨 1큰술

꼬막 해감

- ☐ 물 1,000mL
- ☐ 굵은소금 1큰술

1 쌀은 깨끗이 씻어 찬물에 30분 불린 후 채반에 건져 놓고, 다시마 육수도 미리 만들어 놓는다.

2 그릇에 분량의 해감 재료를 넣고 잘 섞은 다음 꼬막을 넣는다. 뚜껑을 덮거나 검은색 비닐봉지를 씌워 냉장고에서 2시간 이상 해감한다.

3 해감한 꼬막은 바락바락 문질러 깨끗하게 씻어 불순물을 제거한다.

4 냄비에 꼬막이 잠길 정도의 물을 붓고 끓어오르면 찬물(1컵)과 분량의 청주를 넣는다.

TIP 물 온도가 너무 높으면 꼬막살이 수축해 맛이 없어요.

5 꼬막을 넣고 젓가락을 한 방향으로 저어가며 2분 이내로 익힌 후 건져 낸다.

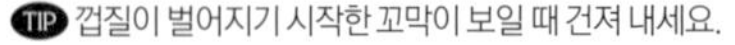

TIP 껍질이 벌어지기 시작한 꼬막이 보일 때 건져 내세요.

6 다시마 육수에 분량의 된장을 체에 걸러 우린다.

7 달래는 뿌리 부분의 흙을 제거하고 3cm 길이로 썰어 깨끗이 씻는다.

8 당근은 얇게 채 썬다.

9 식힌 꼬막의 껍질 속 알맹이를 빼낸다.

10 솥에 불린 쌀과 분량의 된장 육수를 넣고 당근을 올린다. 그런 다음 뚜껑을 덮고 중강불에서 5분 조리한다.

11 밥물이 끓어오르면 약불로 줄여 10분 조리 후 불을 끈다.

12 밥이 되어가는 동안 볼에 꼬막살과 달래, 분량의 양념장 재료를 모두 넣고 잘 섞는다.

TIP 이 단계에 만들어야 신선한 달래 맛을 제대로 느낄 수 있어요.

13 완성한 밥 위에 달래꼬막양념을 올리고 뚜껑 덮는다. 이 상태로 5분 뜸 들인다.

14 예쁜 그릇과 함께 내고 골고루 섞어 먹는다.

iga-mono
iga-mono

숙성연어미나리솥밥

재료 2~3인분

- □ 쌀(백미) 300g
- □ 다시마 육수 300mL p.16 만드는 법 참조
- □ 생연어(스테이크용) 200g
- □ 미나리 30g
- □ 마늘 30g
- □ 슬라이스 레몬 2조각
- □ 달임물 4큰술
- □ 올리브유 1큰술
- □ 깨소금 1큰술
- □ 후춧가루 약간

달임물

- □ 물 200mL
- □ 진간장 100mL
- □ 조미술(미림) 50mL
- □ 다시마(6×6cm) 1장

TIP 바닥면이 넓은 뚝배기를 사용하는 게 좋아요.

만들기

1 쌀은 깨끗이 씻어 찬물에 30분 불린 후 채반에 건져 놓고, 다시마 육수도 미리 만들어 놓는다.

2 스테이크용 연어는 키친타월로 수분을 제거한 뒤 적당한 크기(4조각 정도)로 썬다. 그런 다음 후춧가루를 뿌려 냉장 용기에 담아 놓는다.

TIP 냉동 연어일 경우 냉장고에서 해동 후 사용하세요.

3 냄비에 분량의 달임물 재료를 모두 넣고 5분 끓인 후 차갑게 식힌다.

4 연어에 달임물을 붓고 슬라이스 레몬을 올린다. 냉장고에 넣고 하루(최소 반나절) 정도 숙성한다.

TIP 완벽한 숙성을 위해 연어 손질은 솥밥을 만들기 하루 전날 해둡니다.

5 미나리는 잎 부분을 대충 잘라내고 깨끗이 씻은 후 줄기 부분 위주로 잘게 송송 썰고, 마늘은 얇게 편으로 썬다.

6 솥에 분량의 불린 쌀과 다시마 육수, 올리브유를 넣고 잘 섞는다.

7 마늘을 올리고 뚜껑을 덮은 후 중강불에서 5분 조리한다.

8 밥물이 끓어오르면 숙성한 연어를 올리고 약불에서 10분 조리 후 불을 끈다.

9 이 상태에서 밥 위에 미나리와 분량의 달임물을 두르고 뚜껑을 덮고 5분 뜸 들인다.

10 깨소금을 골고루 뿌려 내고 잘 섞어 먹는다.

스테이크양배추솥밥

재료 2~3인분

- □ 쌀(백미) 300g
- □ 다시마 육수 280mL
  p.16 만드는 법 참조
- □ 소고기(안심) 130~150g
- □ 양배추 130g
- □ 당근 50g
- □ 쪽파 30g
- □ 버터 10g
- □ 통깨 적당량

고기 밑간

- □ 올리브유 1큰술
- □ 소금 약간
- □ 후춧가루 약간

밥 양념장

- □ 양조간장 3큰술
- □ 다시마 육수 2큰술
- □ 고춧가루 1큰술
- □ 올리고당 1큰술
- □ 통깨 1큰술
- □ 식초 1/2큰술
- □ 다진 마늘 1/2큰술
- □ 잘게 썬 쪽파 적당량

만들기

1 쌀은 깨끗이 씻어 찬물에 30분 불린 후 채반에 건져 놓고, 다시마 육수도 미리 만들어 놓는다.

2 고기는 분량의 밑간 재료를 골고루 바르고 실온에서 30분 재운다.

3 양배추는 채칼로 얇게 채 썰어 소금물(물 1,000mL + 소금 1작은술)에 10분 담근 후 찬물에 가볍게 헹구고 물기를 뺀다.

TIP 이렇게 하면 세척이 잘 되고 식감도 좋아요.

4 당근은 얇게 채 썰고 쪽파는 잘게 송송 썬다.

5 볼에 분량의 밥 양념장 재료를 모두 넣고 잘 섞는다.

6 예열한 팬을 한 김 식힌 후 버터를 녹이고 고기를 굽는다.

7 구운 고기를 채반에 올려 10분 동안 레스팅한다.

TIP 레스팅 과정을 거치면 고기 안쪽에 육즙이 고루 퍼져요.

8 솥에 불린 쌀과 다시마 육수를 넣고 채 썬 당근을 올린 후 뚜껑을 덮는다. 중강불에서 5분 조리한다.

9 밥물이 끓어오르면 약불로 줄이고 5분 조리한다. 그런 다음 양배추를 올려 5분 더 조리 후 불을 끈다.

10 밥 위에 스테이크를 올리고 뚜껑을 덮는다. 이 상태로 5분 뜸 들인다.

11 잘게 썬 쪽파와 통깨를 보기 좋게 뿌리고 양념장과 함께 낸다.

TIP 먼저 고기를 꺼내 먹기 좋은 크기로 자르고 밥을 골고루 섞은 후 잘라 놓은 고기를 올려 드세요.

굴영양솥밥

재료 2~3인분

- □ 쌀(백미) 300g
- □ 다시마 육수 280mL p.16 만드는 법 참조
- □ 생굴 300g
- □ 무 100g
- □ 당근 30g
- □ 연근 70g
- □ 쪽파 30g
- □ 조미술(미림) 1큰술
- □ 식용유 적당량
- □ 식초 약간

튀김 밑간

- □ 전분 가루 2큰술
- □ 튀김가루 1큰술
- □ 소금 한 꼬집

밥 양념장

- □ 양조간장 3큰술
- □ 다시마 육수 3큰술
- □ 고춧가루 1큰술
- □ 매실액 1큰술
- □ 올리고당 1큰술
- □ 참기름 1큰술
- □ 통깨 1큰술
- □ 잘게 썬 쪽파 적당량

만들기

1 쌀은 깨끗이 씻어 찬물에 30분 불린 후 채반에 건져 놓고, 다시마 육수도 미리 만들어 놓는다.

2 굴은 소금물에 살살 흔들어 흐르는 물에 하나씩 꼼꼼하게 씻은 후 물기를 뺀다.

3 준비한 굴의 1/2은 조미술에 밑간하고, 나머지 1/2은 비닐 백에 튀김 밑간용 재료와 함께 넣고 흔들어 골고루 섞는다.

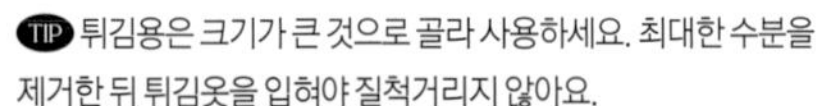

TIP 튀김용은 크기가 큰 것으로 골라 사용하세요. 최대한 수분을 제거한 뒤 튀김옷을 입혀야 질척거리지 않아요.

4 무는 3×1cm 두께로 채 썰고 당근은 편으로 썬다. 쪽파는 잘게 송송 썬다.

5 연근은 필러로 껍질을 벗기고 0.5cm 두께로 썬다. 그런 다음 옅은 식촛물에 10분 담가 흐르는 물에 헹구고 물기를 뺀다.

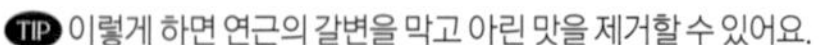

TIP 이렇게 하면 연근의 갈변을 막고 아린 맛을 제거할 수 있어요.

6 팬에 식용유를 넉넉히 붓고 예열한 뒤 튀김용 굴을 하나씩 넣고 노릇하게 튀겨 낸다.

7 볼에 분량의 밥 양념장 재료를 모두 넣고 잘 섞는다.

TIP 쪽파는 썰어놓은 재료의 2/3를 사용하세요.

8 솥에 불린 쌀과 다시마 육수, 무, 당근, 연근 순으로 펼치듯 올리고, 뚜껑을 덮고 중강불에서 5분 조리한다.

9 밥물이 끓어오르면 약불로 줄이고 5분 조리한 다음 밑간한 생굴을 올리고 5분 더 조리 후 불을 끈다.

10 밥 위에 굴 튀김을 올리고 잘게 썬 쪽파를 보기 좋게 뿌린 후 뚜껑을 덮는다. 이 상태로 5분 뜸 들인다.

11 밥 양념장과 함께 낸다.

밥새우연근조림솥밥

재료 2~3인분

- ☐ 쌀(백미) 300g
- ☐ 다시마 육수 300mL p.16 만드는 법 참조
- ☐ 밥새우 20g
- ☐ 연근 150g
- ☐ 표고 50g
- ☐ 식초 적당량
- ☐ 식용유 적당량
- ☐ 쪽파 적당량
- ☐ 깨소금 적당량

새우 밑간

- ☐ 참기름 1큰술
- ☐ 조미술(미림) 1/2큰술
- ☐ 설탕 1작은술

조림 양념

- ☐ 다시마 육수 100mL
- ☐ 진간장 3큰술
- ☐ 조청 1큰술
- ☐ 생강즙 1작은술

만들기

1 쌀은 깨끗이 씻어 찬물에 30분 불린 후 채반에 건져 놓고, 다시마 육수도 미리 만들어 놓는다.

2 연근은 필러로 껍질을 벗기고 세로로 반 자른 후 1cm 두께로 썬다.

3 열은 식촛물에 10분 담그고 흐르는 물에 헹궈 물기를 뺀다.

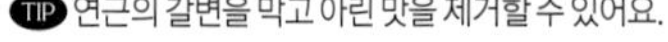
TIP 연근의 갈변을 막고 아린 맛을 제거할 수 있어요.

4 표고는 밑동 부분의 흙을 제거하고 크기에 따라 4~8등분으로 큼직하게 썰고, 쪽파는 잘게 송송 썬다.

5 냄비에 식용유를 두르고 연근과 표고를 볶다가 오일코팅 되면 분량의 조림 양념 재료를 잘 섞어 넣고 강불에서 15분 조린다.

6 밥새우는 불순물을 털어내고 분량의 새우 밑간 재료를 넣어 골고루 섞는다.

7 솥에 불린 쌀과 다시마 육수를 넣고, 밥새우를 올린 다음 뚜껑을 덮고 중강불에서 5분 조리한다.

8 밥물이 끓어오르면 약불로 줄이고 10분 조리 후 불을 끈다.

9 밥 위에 연근표고조림을 올리고 뚜껑 덮는다. 이 상태로 5분 뜸 들인 후 잘게 썬 쪽파와 깨소금을 보기 좋게 뿌려 낸다.

더 건강한 솥밥

주키니호박대게살솥밥

재료 2~3인분

- ☐ 쌀(백미) 300g
- ☐ 다시마 육수 280mL
  p.16 만드는 법 참조
- ☐ 주키니호박 150g
- ☐ 대게살 100g
- ☐ 밤고구마 130g
- ☐ 참기름 1큰술
- ☐ 양조간장 1큰술
- ☐ 청주 1/2큰술
- ☐ 굵은소금 1작은술
- ☐ 쪽파 적당량
- ☐ 깨소금 적당량

만들기

1 쌀은 깨끗이 씻어 찬물에 30분 불린 후 채반에 건져 놓고, 다시마 육수도 미리 만들어 놓는다.

2 육수에 분량의 양조간장을 넣고 잘 섞는다.

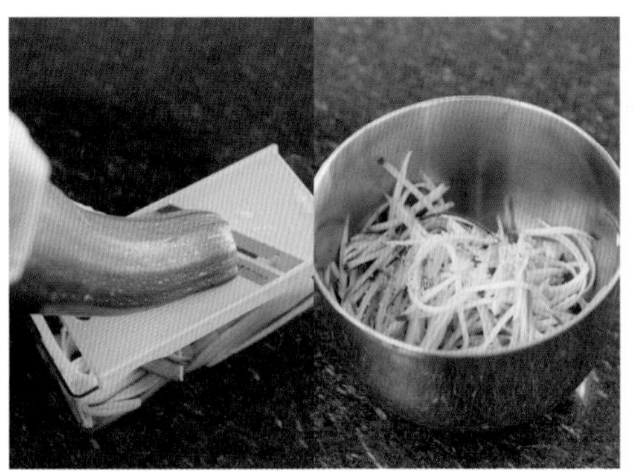

3 주키니호박은 채칼로 얇게 채 썬다. 그런 다음 굵은소금을 넣고 섞어 30분 뒤 물기를 꼭 짜낸다.

4 대게살은 흐르는 물에 가볍게 헹구고 물기를 뺀 다음 분량의 청주를 넣고 잘 섞은 후 10분 그대로 둔다.

5 고구마는 껍질을 벗기고 0.5cm 두께로 깍둑썰기한다.

6 솥에 참기름을 두르고 고구마를 넣고 볶는다.

7 불린 쌀을 넣고 볶다가 다시마 육수를 붓고 뚜껑을 덮는다. 중약불에서 5분 조리한다.

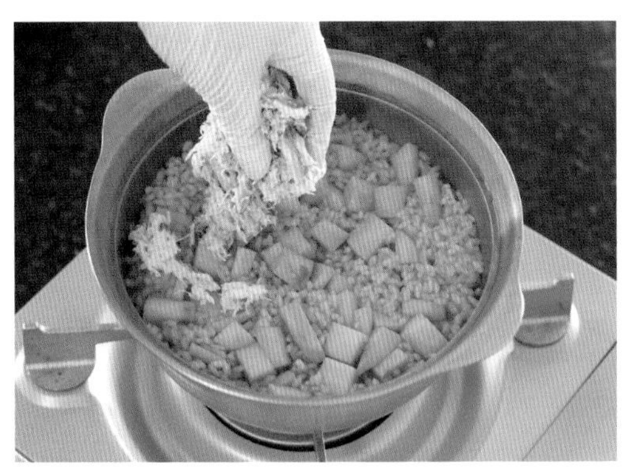

8 밥물이 끓어오르면 대게살을 펼쳐 올리고 주키니호박을 올린다. 뚜껑을 덮고 약불에서 10분 조리 후 불을 끈다.

9 이 상태로 5분 뜸 들인 후 잘게 썬 쪽파와 깨소금을 보기 좋게 뿌려 낸다.

콩나물돼지고기솥밥

재료 2~3인분

- □ 쌀(백미) 300g
- □ 다시마 육수 270mL p.16 만드는 법 참조
- □ 콩나물 200g
- □ 다진 돼지고기 150g
- □ 부추 30g
- □ 마늘 20g
- □ 조미김 5g
- □ 통깨 1큰술
- □ 참기름 1큰술

고기 밑간

- □ 진간장 2큰술
- □ 조미술(미림) 1큰술
- □ 올리고당 1큰술
- □ 설탕 1/2큰술
- □ 참기름 1작은술
- □ 후춧가루 약간

밥 양념장

- □ 잘게 썬 부추 적당량
- □ 양조간장 3큰술
- □ 다시마 육수 2큰술
- □ 고춧가루 1큰술
- □ 올리고당 1큰술
- □ 참기름 1큰술
- □ 통깨 1큰술

만들기

1 쌀은 깨끗이 씻어 찬물에 30분 불린 후 채반에 건져 놓고, 다시마 육수도 미리 만들어 놓는다.

2 콩나물은 깨끗이 씻은 후 물기를 최대한 뺀다.

3 마늘은 칼로 다지듯 썰고 부추는 잘게 송송 썬다.

4 조미김은 비닐 백에 넣어 잘게 부순 후 분량의 통깨를 넣고 잘 섞는다.

5 고기는 분량의 고기 밑간 재료를 모두 넣고 10분 재운다.

6 볼에 분량의 밥 양념장 재료를 모두 넣고 잘 섞는다.

TIP 부추는 썰어 놓은 재료의 2/3를 사용하세요.

7 솥에 참기름을 두르고 썰어 놓은 마늘을 넣고 볶는다.

8 불린 쌀을 넣고 볶다가 다시마 육수를 부어 골고루 섞는다.

TIP 콩나물에서 수분이 나와 육수 양은 평소보다 적게 잡았어요.

9 콩나물을 올리고 뚜껑을 덮어 중약불에서 5분 조리한다.

10 밥물이 끓어오르면 약불로 줄이고 10분 조리 후 불을 끈다.

11 예열한 팬에 밑간한 돼지고기를 넣고 수분이 없어질 때까지 볶는다.

12 밥 위에 볶은 돼지고기를 올리고 부추를 보기 좋게 뿌린 뒤 뚜껑을 덮는다. 이 상태로 5분 뜸 들인다.

13 밥 양념장을 곁들여 내고 먹기 직전 김 가루를 뿌려 잘 섞는다.

더덕불고기솥밥

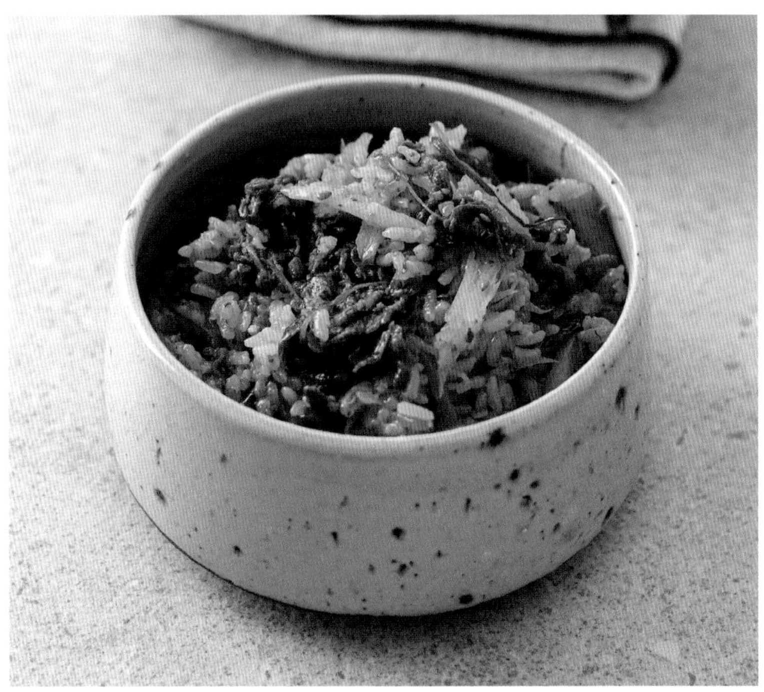

재료 2~3인분

- □ 쌀(백미) 300g
- □ 다시마 육수 300mL p.16 만드는 법 참조
- □ 더덕(손질한 것) 100g
- □ 소고기(불고깃감, 등심) 200g
- □ 당근 60g
- □ 파채 70g
- □ 참기름 1큰술
- □ 통깨 적당량

고기 양념

- □ 진간장 2큰술
- □ 참치액 1큰술
- □ 매실액 1큰술
- □ 조미술(미림) 1큰술
- □ 다진 마늘 1작은술
- □ 참기름 1작은술
- □ 설탕 1작은술
- □ 후춧가루 약간

파채 양념

- □ 양조간장 2큰술
- □ 고춧가루 1큰술
- □ 통깨 1큰술
- □ 올리고당 1큰술
- □ 식초 1/2큰술
- □ 참기름 1작은술

만들기

1 쌀은 깨끗이 씻어 찬물에 30분 불린 후 채반에 건져 놓고, 다시마 육수도 미리 만들어 놓는다.

2 고기는 키친타월로 핏물을 제거하고 먹기 좋은 크기로 자른다.

TIP 불고깃감으로 얇게 썰어놓은 것을 구입하세요.

3 볼에 분량의 고기 양념 재료를 넣고 잘 섞은 후 고기에 붓고 조물조물 무쳐 30분 재운다.

4 파채는 차가운 물에 10분 담근 후 물기를 뺀다.

TIP 대파를 가늘게 채 썰어 사용해도 돼요.

5 더덕은 조리용 망치나 칼손잡이를 이용해 두드린 후 결대로 얇게 찢는다.

6 찢어 놓은 더덕을 옅은 소금물에 10분 담근 후 흐르는 물에 헹구어 물기를 뺀다.

TIP 소금물에 담그면 특유의 쓴맛을 잡을 수 있어요.

7 당근은 얇게 채 썬다.

8 솥에 참기름을 두르고 당근을 볶는다.

9 불린 쌀을 넣고 볶다가 다시마 육수를 부어 골고루 섞는다.

10 더덕을 올리고 그 위에 양념한 불고기를 올린 후 뚜껑을 덮는다. 중약불에서 5분 조리한다.

11 파채에 분량의 파채 양념 재료를 모두 넣고 버무린다.

TIP 미리 무쳐두면 숨이 죽어 이 단계에 만들어야 해요.

12 밥물이 끓어오르면 약불로 줄이고 10분 조리 후 불을 끈다.

13 밥 위에 양념한 파채를 올리고 통깨를 보기 좋게 뿌린 후 뚜껑을 덮는다. 이 상태로 5분 뜸 들인다.

TIP 파채에서 나온 양념은 넣지 마세요.

14 먹기 전 골고루 섞어 그릇에 담는다.

황태무솥밥

재료

2~3인분

- ☐ 쌀(백미) 300g
- ☐ 황태채 10g
- ☐ 황태 육수 300mL
- ☐ 무 150g
- ☐ 대파 1/2대
- ☐ 다진 마늘 1작은술
- ☐ 홍고추 1개
- ☐ 쪽파 20g
- ☐ 청주 1큰술
- ☐ 국간장 1큰술
- ☐ 깨소금 1큰술
- ☐ 참기름 1큰술
- ☐ 소금 한 꼬집
- ☐ 물 600mL

만들기

1 쌀은 깨끗이 씻어 찬물에 30분 불린 후 채반에 건져 물기를 뺀다.

2 황태채는 흐르는 물에 가볍게 헹구고 가위로 잘게 자른다.

3 냄비에 물(600mL)과 황태채를 넣고 국물이 끓어오르면 분량의 청주를 넣는다. 뚜껑을 연 상태로 중강불에서 15분 끓인다.

TIP 거품이 떠오를 경우 걷어내세요.

4 황태 육수가 한소끔 식으면 믹서에 넣고 곱게 간다. 그런 다음 체에 걸러 황태 육수를 완성한다.

5 무는 0.5cm 두께로 채 썰고 대파는 세로로 2등분한 뒤 잘게 송송 썬다. 홍고추와 쪽파도 잘게 송송 썬다.

6 솥에 참기름을 두르고 다진 마늘과 무를 넣고 볶다가 불린 쌀을 넣고 볶는다.

7 분량의 황태 육수를 붓고 국간장과 소금을 넣고 골고루 섞는다.

8 뚜껑을 덮고 중약불에 5분 조리하다가 밥물이 끓어오르면 약불로 줄여 5분 조리한다.

9 대파를 올리고 5분 더 조리한 뒤 불을 끈다.

10 밥 위에 쪽파를 골고루 뿌리고 홍고추를 보기 좋게 올린 후 뚜껑을 덮는다. 이 상태로 5분 뜸 들인다.

11 깨소금을 뿌려 내고, 먹기 전 골고루 섞어 그릇에 담는다.

전복미역솥밥

재료 2~3인분

- ☐ 쌀(백미) 300g
- ☐ 다시마 육수 300mL p.16 만드는 법 참조
- ☐ 활전복(큰 것) 5마리
- ☐ 새우(대하) 6마리
- ☐ 마른미역 10g
- ☐ 버터 10g
- ☐ 초피액젓 1큰술
- ☐ 참기름 1큰술
- ☐ 청주 1/2큰술
- ☐ 쪽파 적당량
- ☐ 통깨 약간

만들기

1 쌀은 깨끗이 씻어 찬물에 30분 불린 후 채반에 건져 놓고, 다시마 육수도 미리 만들어 놓는다.

2 미역은 찬물에 10분 불리고 바락바락 문질러 씻는다. 그런 다음 물기를 꼭 짜고 잘게 썬다.

3 전복은 솔로 깨끗이 씻은 뒤 내장과 살을 분리한다. 내장의 일부(25~30g)는 가위로 잘게 다지고, 살은 이빨을 제거한 후 촘촘하게 칼집을 낸다.

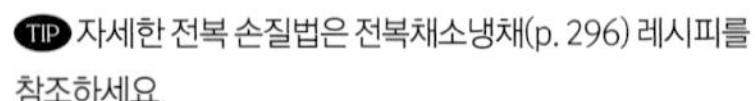

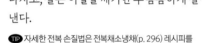

TIP 자세한 전복 손질법은 전복채소냉채(p. 296) 레시피를 참조하세요.

4 새우(대하)는 껍질을 벗기고 깨끗이 씻어 살만 적당한 크기로 송송 썬다.

5 팬에 버터를 녹이고 전복을 앞뒤로 굽는다.

TIP 부드러운 식감을 내기 위해 오래 굽지 마세요.

6 솥에 참기름을 두르고 전복 내장을 볶다가 청주를 넣고 알코올 향이 날아갈 때까지 볶는다.

7 미역과 분량의 초피액젓을 넣고 미역이 충분히 부드러워질 때까지(5~10분) 약불에서 달달 볶는다.

8 불린 쌀을 넣고 재료가 골고루 섞이게 볶는다.

9 분량의 다시마 육수를 넣고 뚜껑을 덮는다. 중약불에서 5분 조리한다.

10 밥물이 끓어오르면 약불로 줄이고 5분 조리한다.

11 새우와 구운 전복을 올리고 5분 더 조리 후 불을 끈다.

12 이 상태로 5분 뜸 들이고 잘게 썬 쪽파와 통깨를 골고루 뿌려 낸다.

THE

2 PART 프라이팬밥

김치눈꽃치즈밥

재료 2~3인분

- □ 쌀(백미) 250g
- □ 다시마 육수 250mL p.16 만드는 법 참조
- □ 익은 김치 200g
- □ 눈꽃 치즈 50g
- □ 날치알 60g
- □ 껍질 벗긴 고구마 120g
- □ 부추 적당량
- □ 올리브유 2큰술
- □ 조미술(미림) 2큰술
- □ 설탕 1큰술

밥 양념

- □ 진간장 2큰술
- □ 고추장 1큰술
- □ 올리고당 1큰술

만들기

1 쌀은 깨끗이 씻어 찬물에 30분 불린 후 채반에 건져 놓고, 다시마 육수도 미리 만들어 놓는다.

2 김치는 잘게 다지듯 썰어 분량의 설탕을 넣고 버무려 놓는다.

3 날치알은 분량의 조미술을 넣고 잘 섞어 10분 후 채반에 밭쳐 놓는다.

4 껍질 벗긴 고구마는 잘게 썬다.

5 바닥이 넓은 팬에 올리브유를 두르고 불린 쌀과 고구마를 넣고 볶는다.

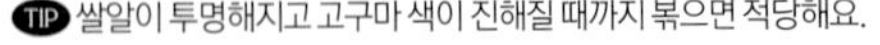

TIP 쌀알이 투명해지고 고구마 색이 진해질 때까지 볶으면 적당해요.

6 밑간한 김치와 분량의 밥 양념 재료를 넣고 골고루 섞는다.

7 분량의 다시마 육수를 붓고 재료를 평평하게 정리한 후 뚜껑을 덮고 약불에서 12분, 불을 줄여 더 약한 불에서 3분 조리한다.

8 불을 끄고 분량의 눈꽃 치즈와 날치알을 올리고, 부추도 잘게 썰어 함께 올린 후 마무리한다.

훈제오리단호박밥

재료 2~3인분

- ☐ 쌀(백미) 200g
- ☐ 찹쌀 50g
- ☐ 다시마 육수 280mL
  p.16 만드는 법 참조
- ☐ 훈제오리 150g
- ☐ 단호박(보우짱) 200g
- ☐ 마늘 50g
- ☐ 깻잎 20g
- ☐ 매실액 1큰술
- ☐ 참기름 1큰술
- ☐ 참치액 1큰술
- ☐ 국간장 1큰술
- ☐ 소금 한 꼬집
- ☐ 통깨 적당량

만들기

1 쌀은 깨끗이 씻어 찬물에 30분 불린 후 채반에 건져 놓고, 다시마 육수는 분량의 참치액과 국간장을 넣고 섞어 준비한다.

2 훈제 오리는 뜨거운 물을 부어 집게로 한 장씩 떼어가며 기름기를 제거한 후 채반에 밭쳐 물기를 뺀다.

3 손질한 오리는 먹기 좋은 크기로 썰고, 분량의 매실액을 넣어 골고루 섞는다.

TIP 이렇게 하면 고기의 잡내를 잡고, 육질도 부드러워져요.

4 단호박은 껍질째 깨끗이 씻어 속에 든 씨와 심을 제거하고 0.5cm 두께로 썬다.

TIP 여름에는 제철 미니 단호박(보우짱)을 사용하세요.

5 깻잎은 얇게 채 썬다. 마늘은 크기가 큰 것은 가로로 2등분한다.

6 예열한 팬을 한 김 식혀 분량의 참기름을 두르고 마늘을 볶는다. 마늘의 겉면이 투명해지면 훈제 오리를 넣고 좀 더 볶은 후 그릇에 옮겨 놓는다.

7 오리고기를 볶은 팬에 불린 쌀과 분량의 소금을 넣고 쌀알이 투명해질 때까지 볶는다.

8 분량의 육수 중 먼저 250mL를 붓고, 뚜껑을 열고 중약불에서 5분 조리한다.

9 나머지 육수 30mL를 붓고 단호박을 고루 펼쳐 올린다. 그런 다음 볶은 오리고기와 마늘을 올리고 뚜껑을 덮어 약불에서 15분 조리 후 불을 끈다.

10 밥 위에 깻잎과 통깨를 뿌리고 뚜껑을 덮는다. 그 상태로 2분 뜸 들이고 그릇에 담는다.

TIP 이렇게 해야 깻잎의 숨이 죽고 밥에 깻잎 향이 고루 퍼져요.

초당옥수수가지고기밥

재료 2~3인분

- ☐ 쌀(백미) 250g
- ☐ 다시마 육수 250mL p.16 만드는 법 참조
- ☐ 초당 옥수수 2개
- ☐ 가지 1개
- ☐ 돼지고기(안심) 150g
- ☐ 올리브유 2큰술
- ☐ 소금 1작은술
- ☐ 부추 적당량

고기 밑간

- ☐ 카레 가루(백세카레) 1큰술
- ☐ 조미술(미림) 1큰술
- ☐ 다진 마늘 1작은술
- ☐ 후춧가루 한 꼬집

만들기

1 쌀은 깨끗이 씻어 찬물에 30분 불린 후 채반에 건져 놓고, 다시마 육수도 미리 만들어 놓는다.

2 옥수수는 세로로 세워 칼로 알 부분만 긁어낸다.

3 가지는 세로로 4등분한 뒤 깍둑썰기한다.

4 돼지고기는 먹기 좋은 크기로 썬다. 그런 다음 분량의 고기 밑간 재료를 넣고 골고루 잘 섞어 30분 재운다.

5 팬을 달궈 한 김 식힌 후 올리브유를 두르고, 밑간한 돼지고기를 넣고 노릇해질 때까지 볶는다.

6 가지와 불린 쌀, 분량의 소금을 넣고 주걱으로 골고루 섞어가며 볶는다.

7 분량의 다시마 육수를 붓고 재료를 고르게 정리한 다음 옥수수를 펼쳐 올리고 중불에서 끓인다.

8 재료가 끓어오르면 약불로 줄이고 뚜껑을 덮어 10분 조리한다. 그런 다음 최대한 약불로 줄여 5분 뜸 들인다.

9 밥이 다 되면 부추를 송송 썰어 올리고 골고루 잘 섞어 그릇에 담는다.

TIP 부추 대신 쪽파를 사용해도 돼요.

토마토올리브새우밥

재료 2~3인분

- □ 쌀(백미) 250g
- □ 다시마 육수 250mL p.16 만드는 법 참조
- □ 완숙 토마토 250g
- □ 토마토소스(시판용) 130g
- □ 그린올리브(씨 없는 것) 60g
- □ 새우(대하) 8마리
- □ 마늘 30g
- □ 루콜라잎 한 줌
- □ 올리브유 2큰술
- □ 조미술(미림) 1큰술
- □ 매실액 1큰술
- □ 소금 1작은술
- □ 후춧가루 약간

만들기

1 쌀은 깨끗이 씻어 찬물에 30분 불린 후 채반에 건져 놓고, 다시마 육수도 미리 만들어 놓는다.

2 그린올리브는 흐르는 물에 헹궈 채반에 밭쳐 물기를 뺀다. 그런 다음 칼로 반 썰고, 분량의 올리브유를 넣고 버무린다.

3 토마토는 꼭지를 떼고 바닥 부분에 열십(+)자로 칼집을 낸 뒤 끓는 물에 소금 한 꼬집을 넣고 30초간 데친다.

4 데친 토마토를 찬물에 한 번 헹구고 칼집 부분을 시작으로 껍질 벗겨 4등분한다.

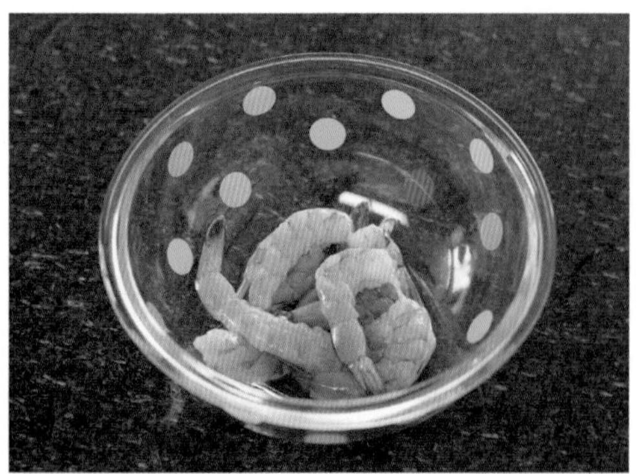

5 새우는 껍질을 벗기고 몸통만 남긴다. 그런 다음 등 부분에 칼집을 낸 후 분량의 조미술에 버무린다.

6 마늘은 2등분한다.

7 달군 팬을 한 김 식힌 후 ②의 용기 속 올리브유를 모두 따라 붓는다. 그런 다음 마늘을 넣고 볶다가 분량의 토마토소스와 매실액을 넣고 함께 볶는다.

8 불린 쌀과 분량의 소금, 후춧가루를 넣고 쌀알에 소스가 잘 스며들 때까지 볶는다.

9 분량의 다시마 육수를 넣고 뚜껑을 덮은 후 중약불에서 5분 조리한다.

10 밥물이 끓어오르면 토마토와 새우, 올리브를 올리고, 약불로 줄여 15분 조리 후 불을 끈다.

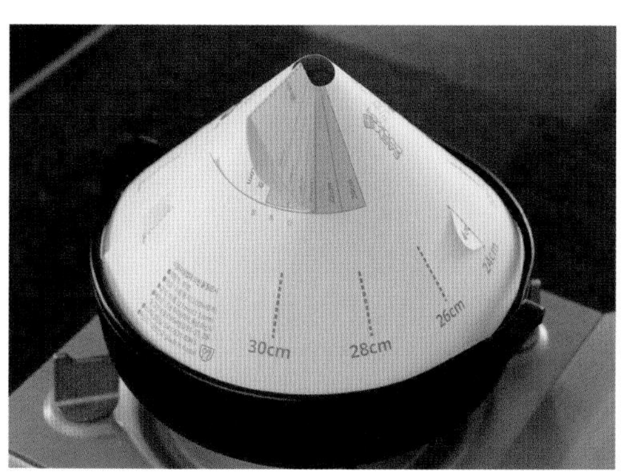

11 루콜라잎을 올리고 뚜껑을 덮는다. 이 상태로 3분 뜸 들인 후 마무리한다.

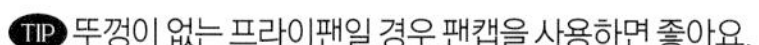
TIP 뚜껑이 없는 프라이팬일 경우 팬캡을 사용하면 좋아요.

돼지고기파인애플밥

재료

2~3인분

- ☐ 쌀(백미) 300g
- ☐ 다시마 육수 320mL
  p.16 만드는 법 참조
- ☐ 돼지고기(목살, 살코기) 180g
- ☐ 파인애플 과육 250g
- ☐ 양파 50g
- ☐ 쪽파 30g
- ☐ 홍고추 1개
- ☐ 진간장 1큰술
- ☐ 참치액 1큰술
- ☐ 올리브유 1큰술
- ☐ 포도씨유 약간
- ☐ 후춧가루 약간

고기 양념

- ☐ 진간장 1큰술
- ☐ 조미술(미림) 1큰술
- ☐ 올리고당 1큰술

만들기

1 쌀은 깨끗이 씻어 찬물에 30분 불린 후 채반에 건져 놓고, 다시마 육수도 미리 만들어 놓는다.

2 돼지고기는 큼직하게 썰어 후춧가루를 뿌려 놓는다.

3 파인애플 과육도 큼직하게 썬다.

4 양파는 2cm 두께로 썬다.

5 쪽파는 3cm 길이로 썰고, 홍고추는 반 갈라 씨를 빼내고 채 썬다.

6 준비해 놓은 다시마 육수에 분량의 간장과 참치액을 넣고 잘 섞는다.

7 팬에 포도씨유를 두르고 ②의 고기를 넣고 충분히 볶다가, 분량의 고기 양념 재료를 모두 넣고 물기 없이 볶아낸다.

8 새로운 팬에 올리브유를 두르고 양파를 넣어 살짝 볶다가 불린 쌀을 넣고 함께 볶는다.

9 분량의 다시마 육수를 붓고 뚜껑을 덮은 뒤 중불에서 5분 조리한다.

10 볶은 고기와 파인애플, 홍고추를 보기 좋게 올리고 뚜껑을 덮는다. 약불에서 15분 더 조리 후 불을 끈다.

11 완성한 밥 위에 쪽파를 올리고 뚜껑을 덮는다. 이 상태로 5분 뜸 들인다.

12 골고루 잘 섞어 그릇에 보기 좋게 담는다.

키조개소갈빗살밥

재료 2~3인분

- ☐ 쌀(백미) 300g
- ☐ 다시마 육수 320mL p.16 만드는 법 참조
- ☐ 키조개 관자 슬라이스 150g
- ☐ 소고기(갈빗살) 200g
- ☐ 마늘 30g
- ☐ 가염 버터 10g
- ☐ 청주 1큰술
- ☐ 쪽파 적당량

고기 양념

- ☐ 다진 대파 2큰술
- ☐ 진간장 2큰술
- ☐ 조미술(미림) 1큰술
- ☐ 올리고당 1큰술
- ☐ 설탕 1/2큰술
- ☐ 후춧가루 약간

만들기

1 쌀은 깨끗이 씻어 찬물에 30분 불린 후 채반에 건져 놓고, 다시마 육수도 미리 만들어 놓는다.

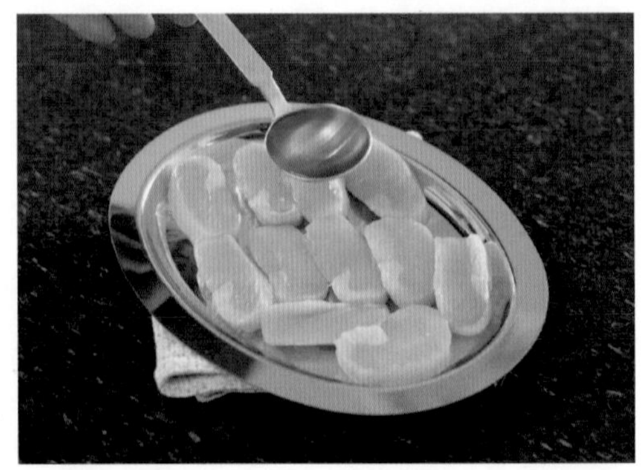

2 키조개 관자 슬라이스(두께 1cm 추천)를 그릇에 펼치고, 분량의 청주를 골고루 뿌려 밑간한다.

3 고기는 키친타월로 꾹꾹 눌러 핏물을 닦은 후 한 입 크기로 썬다. 그런 다음 분량의 고기 양념 재료를 넣고 잘 섞어 10분 재운다.

4 마늘은 3~4등분한다.

5 예열한 프라이팬을 한 김 식혀 버터를 녹이고, 관자를 앞뒤로 살짝 구워 접시에 덜어둔다.

TIP 관자를 오래 구우면 맛이 질겨요.

6 양념한 고기를 관자 구운 팬에 넣고 익을 때까지 볶는다.

7 마늘과 불린 쌀을 넣고 볶는다.

8 분량의 다시마 육수를 붓고 중불에서 뚜껑을 열고 끓인다.

9 밥물이 끓어오르면 약불로 줄이고 뚜껑을 덮는다. 이 상태로 15분 조리 후 불을 끈다.

10 밥 위에 구운 관자를 올리고 토치로 관자를 살살 직화 처리해 불맛을 입힌다. 뚜껑을 덮고 5분 뜸 들인다.

11 쪽파를 잘게 송송 썰어 올리고 마무리한다.

THE YEONA
TABLE

3 PART

볶음밥·덮밥·쌈밥

깍두기대패삼겹살볶음밥 + 콩나물냉국

p. 302

재료

2인분

- ☐ 밥 400g
- ☐ 잘 익은 깍두기 250g
- ☐ 대패삼겹살 300g
- ☐ 미나리 60g
- ☐ 마늘 30g
- ☐ 고춧가루 1큰술
- ☐ 진간장 2큰술
- ☐ 조청 1큰술
- ☐ 무염버터 10g

고기 밑간

- ☐ 조미술(미림) 1큰술
- ☐ 다진 마늘 1큰술
- ☐ 설탕 1/2큰술
- ☐ 후춧가루 한 꼬집

만들기

1 솥에 고슬고슬하게 밥을 짓는다.

2 대패삼겹살은 6~7cm 길이로 잘라 분량의 밑간 재료로 무친 후 30분 재운다.

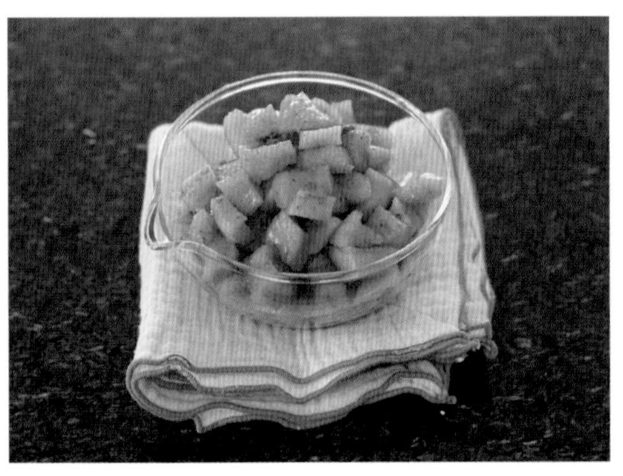

3 깍두기는 씹을 때 식감을 느낄 수 있는 크기(3등분)로 썬다.

4 미나리는 송송 썰고, 마늘은 얇게 편으로 썬다.

5 팬을 달군 후 살짝 식혀 버터를 녹이고, ②의 대패삼겹살을 넣고 노릇하게 볶아 그릇에 옮겨 놓는다.

6 ⑤의 팬에 썰어둔 마늘을 넣고 살짝 볶는다.

7 깍두기를 넣고 볶다가 분량의 밥과 고춧가루, 간장, 조청을 넣고 골고루 잘 섞어가며 볶는다.

8 완성한 깍두기 볶음밥을 그릇에 담고, 그 위에 볶은 대패삼겹살과 미나리를 올려 마무리한다.

소고기고추장볶음밥 + 오이우뭇가사리냉국

재료 2인분

소고기 고추장

- ☐ 다진 소고기 200g
- ☐ 파프리카 100g
- ☐ 표고(밑동 제거한 것) 50g
- ☐ 대파 1/2대
- ☐ 다진 마늘 1큰술
- ☐ 식용유 1큰술
- ☐ 조미술(미림) 1큰술
- ☐ 설탕 1/2큰술
- ☐ 후춧가루 약간

고추장 양념

- ☐ 시판 고추장 250g
- ☐ 진간장 2큰술
- ☐ 조청 1큰술
- ☐ 매실액 1큰술
- ☐ 설탕 1/2큰술
- ☐ 물 30mL

볶음밥

- ☐ 밥 400~450g
- ☐ 햄(스팸) 100g
- ☐ 게살(크래미) 70g
- ☐ 양파 50g
- ☐ 대파(흰 부분) 1/2대
- ☐ 식용유 1큰술
- ☐ 진간장 1큰술
- ☐ 올리고당 1큰술
- ☐ 참기름 1큰술

소고기 고추장 만들기

1 분량의 파프리카, 표고, 대파를 잘게 다진다.

2 소고기는 분량의 조미술, 설탕, 후춧가루를 넣고 조물조물 무쳐 밑간한다.

3 볼에 분량의 고추장 양념 재료를 모두 넣고 잘 섞는다.

4 팬에 식용유를 두르고 다진 대파와 다진 마늘을 넣고 달달 볶는다.

5 밑간한 소고기를 넣고 고기가 완전히 익을 때까지 볶는다.

6 파프리카, 표고를 넣고 잘 섞어가며 볶는다.

7 만들어둔 고추장 양념을 넣고 바글바글 끓여 적당히 조리고 마무리한다.

볶음밥 만들기

1 햄과 게살을 잘게 썬다.

2 양파, 대파도 잘게 썬다.

3 달군 팬에 식용유를 두르고 양파와 대파를 볶는다.

4 햄과 게살을 넣고 잘 섞어가며 볶는다.

5 따뜻한 밥을 넣고, 완성한 소고기 고추장(4큰술)과 분량의 진간장을 넣고 볶는다.

6 마지막으로 올리고당, 참기름을 넣고 잘 섞어 마무리한다.

TIP 남은 소고기 고추장은 15일 정도 냉장 보관 가능해요. 따뜻한 밥에 비벼 먹거나 고춧가루를 사용하는 조림 요리 시 1큰술 넣으면 더 맛있어요.

닭가슴살카레볶음밥 + 돌나물묵사발냉국

재료 2인분

- ☐ 밥 400g
- ☐ 닭가슴살(냉장) 200g
- ☐ 양송이버섯 80g
- ☐ 양파 80g
- ☐ 대파 1/2대
- ☐ 고형 카레 80g
- ☐ 토마토퓌레 30g
- ☐ 버터 15g
- ☐ 식용유 1큰술
- ☐ 올리고당 1큰술
- ☐ 소금 1작은술
- ☐ 잘게 썬 쪽파 적당량

고기 밑간

- ☐ 다진 마늘 1큰술
- ☐ 설탕 1큰술
- ☐ 조미술(미림) 1큰술
- ☐ 후춧가루 약간

p. 304

만들기

1 닭가슴살은 한입 크기로 썬 다음 분량의 고기 밑간 재료를 넣고 잘 섞어 30분 재운다.

2 양송이버섯은 채 썰고, 양파와 대파는 다지듯 썬다.

3 달군 팬에 식용유를 두르고 대파와 밑간한 닭가슴살을 넣고 볶다가 뚜껑을 덮고 약불에서 5분 익힌다.

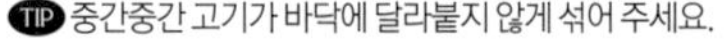

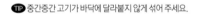

TIP 중간중간 고기가 바닥에 달라붙지 않게 섞어 주세요.

4 새로운 팬을 달군 후 한 김 식혀 분량의 버터를 넣고 녹인다. 그런 다음 양파를 넣고 색이 진해질 때까지 볶는다.

5 따뜻한 물(500mL)에 고형 카레를 녹인다.

6 ④에 카레 푼 물을 붓고 15분 끓인다. 따뜻한 물 200mL를 더 넣고 카레를 잘 풀어준다.

7 토마토퓌레와 양송이버섯을 넣고 잘 섞는다.

8 올리고당을 넣고 마무리한다.

9 익힌 닭가슴살이 있는 팬에 분량의 밥과 소금을 넣고 볶는다.

10 접시에 볶음밥을 담고 카레를 보기 좋게 끼얹은 다음 잘게 송송 썬 쪽파를 올려 낸다.

파인애플새우볶음밥 + 파프리카가지냉국

p. 306

재료 2인분

- □ 밥 500g
- □ 파인애플 200g
- □ 냉동 깐 새우 150g
- □ 줄기콩 30g
- □ 양파 50g
- □ 마늘 30g
- □ 달걀 1개
- □ 올리고당 1큰술
- □ 참기름 1큰술
- □ 식용유 적당량

볶음밥 양념

- □ 초피액젓 1큰술
- □ 진간장 1큰술
- □ 굴소스 1큰술
- □ 조미술(미림) 1큰술
- □ 후춧가루 약간

만들기

1 파인애플은 큐브 모양으로 잘게 썬다.

2 줄기콩은 1cm 길이로 썰고, 마늘은 가로로 3~4등분한다. 양파는 파인애플과 같은 크기로 썬다.

3 새우는 해동 후 깨끗이 헹궈 물기를 뺀다.

4 볼에 분량의 볶음밥 양념 재료를 넣고 잘 섞는다.

5 따뜻한 밥에 달걀을 넣고 주걱으로 골고루 섞는다.

TIP 밥물을 조금 적게 잡아 고슬고슬하게 지으세요.

6 팬을 달구어 식용유(1큰술)를 두르고 준비한 채소와 새우를 모두 넣고 볶는다.

7 채소가 어느 정도 볶아지면 밥과 볶음밥 양념 재료를 넣고 골고루 섞어가며 볶는다.

8 마무리로 올리고당과 참기름을 넣고 잘 섞어 그릇에 담아낸다.

매콤두부부추덮밥 + 명란젓양념

p. 336

재료 2인분

- ☐ 밥 400g
- ☐ 손두부 300g
- ☐ 다진 소고기 200g
- ☐ 부추 30g
- ☐ 통깨 적당량
- ☐ 식용유 적당량

튀김옷

- ☐ 달걀 2개
- ☐ 튀김가루 80g

고기 밑간

- ☐ 청주 1큰술
- ☐ 다진 마늘 1큰술
- ☐ 후추 한 꼬집

양념장

- ☐ 고춧가루 2큰술
- ☐ 조미술(미림) 2큰술
- ☐ 고추장 1큰술
- ☐ 굴소스 1큰술
- ☐ 설탕 1큰술
- ☐ 진간장 1큰술
- ☐ 참기름 1큰술

만들기

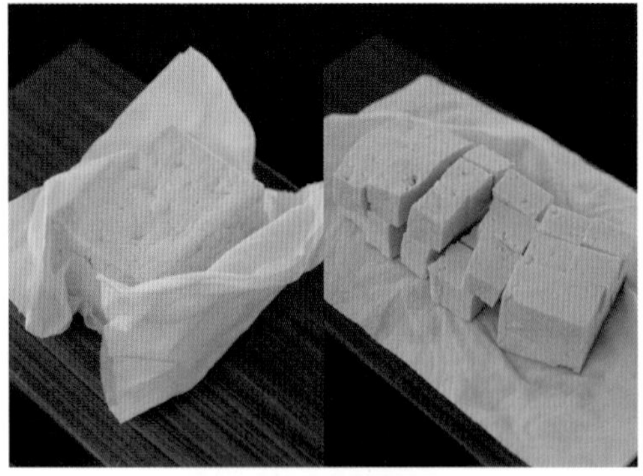

1 손두부는 키친타월로 물기를 최대한 뺀 다음 2×2cm로 깍둑썰기한다.

2 다진 소고기는 분량의 고기 밑간 재료를 넣고 잘 섞는다.

3 부추는 송송 썬다.

4 볼에 분량의 양념장 재료를 모두 넣고 잘 섞는다.

5 달걀은 볼에 깨뜨려 잘 섞고, 튀김가루는 넓은 플레이트에 펼쳐 놓는다.

6 두부를 달걀물에 적시고 튀김가루에 굴려 옷을 입힌다.

7 팬에 기름을 충분히 넣고 예열한 후, ⑥의 두부를 넣고 튀긴다. 골고루 잘 튀겨지면 채반에 옮겨 놓는다.

8 새로운 팬에 밑간한 고기를 넣고 물기 없게 볶다가 양념장을 넣고 골고루 섞어가며 볶는다.

9 예쁜 그릇에 밥을 담고 부추를 올린 다음 그 위에 튀긴 두부를 올린다.

10 볶은 고기양념을 올리고 통깨를 뿌려 마무리한다.

모둠버섯순두부덮밥 + 오이마늘종걸절이

재료 2인분

- □ 쌀(백미) 300g
- □ 다시마 육수 300mL
  p.16 만드는 법 참조
- □ 표고·양송이버섯·새송이버섯 150g
- □ 손순두부 450g
- □ 양파 1/4개
- □ 대파 1/2대
- □ 식용유 적당량

버섯 양념

- □ 올리브유 2큰술
- □ 소금 1작은술

순두부 양념

- □ 고춧가루 2큰술
- □ 진간장 2큰술
- □ 조미술(미림) 1큰술
- □ 다진 마늘 1큰술
- □ 참기름 1큰술
- □ 올리고당 1큰술
- □ 다시마 육수 100mL

p. 332

만들기

1 쌀은 깨끗이 씻어 찬물에 30분 불린 후 채반에 건져 놓고, 다시마 육수도 미리 만들어 놓는다.

2 손순두부는 간수를 빼고 미온수에 1~2회 헹군 후 채반에 밭쳐 물기를 뺀다.

3 표고와 양송이버섯은 큼직하게 썰고, 새송이버섯은 세로로 반 자른 후 납작하게 썬다.

4 볼에 손질한 버섯을 담고 분량의 버섯 양념 재료를 넣고 버무려 재운다.

5 양파와 대파는 잘게 썬다.

6 볼에 순두부 양념 재료 중 다시마 육수와 올리고당을 제외한 모든 재료를 넣고 잘 섞는다.

TIP 육수를 미리 넣으면 양념이 불어 맛이 텁텁해질 수 있어요.

7 솥에 불린 쌀과 분량의 다시마 육수를 넣은 후 ④의 버섯을 올리고 밥을 짓는다.

8 밥이 다 되면 팬에 식용유를 두르고 양파와 대파를 넣고 볶는다.

9 양파, 대파가 살짝 숨 죽으면 만들어둔 양념장을 넣고, 빼놓은 분량의 다시마 육수도 함께 넣어 중불에서 바르르 끓인다. 끓는 상태에서 순두부를 넣는다.

10 순두부 양념 재료에서 빼놓은 분량의 올리고당을 넣고 잘 섞어 한소끔 끓인다.

11 예쁜 그릇에 버섯밥을 잘 섞어 담고, 양념 순두부를 듬뿍 올려낸다.

돼지고기가지덮밥 + 바지락시금치볶음

재료 2인분

- □ 밥 400g
- □ 다진 돼지고기 200g
- □ 가지 200g
- □ 피망 1개
- □ 홍고추 1개
- □ 조미술(미림) 1큰술
- □ 조청 1큰술
- □ 깨소금 1큰술
- □ 후춧가루 약간

양념장

- □ 진간장 4큰술
- □ 다진 마늘 1큰술
- □ 설탕 1큰술
- □ 참기름 1큰술

만들기

1 가지는 세로로 반 자르고 3cm 길이로 썬다.

2 홍고추와 피망은 반 갈라 씨를 빼내고 얇게 썬다.

3 볼에 분량의 양념 재료를 모두 넣고 잘 섞는다.

4 달군 팬에 분량의 돼지고기와 조미술, 후춧가루를 넣고 중불에서 볶는다.

5 가지와 양념장을 넣고 볶다가 뚜껑을 덮는다. 약불에서 가지의 숨이 살짝 죽을 때까지 둔다.

6 피망, 홍고추, 분량의 조청을 넣고 잘 섞는다.

7 접시에 따뜻한 밥을 담고 ⑥을 올린 후 깨소금을 뿌려 마무리한다.

p. 342

감자달걀덮밥 + 항정살마늘볶음

재료 2인분

- ☐ 밥 300g
- ☐ 다시마 육수 300mL p.16 만드는 법 참조
- ☐ 감자 150g
- ☐ 달걀 3개
- ☐ 당근 30g
- ☐ 부추 30g
- ☐ 양파 50g
- ☐ 참기름 1큰술
- ☐ 참치액 1큰술
- ☐ 국간장 1큰술
- ☐ 통깨 적당량

달걀 밑간

- ☐ 조미술(미림) 1큰술
- ☐ 설탕 1작은술

녹말물

- ☐ 물 5큰술
- ☐ 전분 가루 1큰술

만들기

1 볼에 달걀을 깨뜨려 넣고 섞은 후 체에 걸러 분량의 조미술과 설탕을 넣고 잘 섞는다.

2 감자는 껍질을 벗기고 0.5cm 두께로 채 썬다. 당근은 보다 얇게 채 썬다. 양파는 다지듯 썰고, 부추는 2cm 길이로 썬다.

3 볼에 분량의 녹말물 재료를 넣고 잘 섞는다.

4 팬에 참기름을 두르고 양파와 당근을 넣고 볶는다.

5 분량의 다시마 육수와 감자를 넣고 5분 동안 끓인다.

6 달걀물을 붓고 참치액과 국간장으로 간을 맞춘다.

7 달걀이 끓어오르면 녹말물 2큰술을 넣고 잘 섞는다.

8 부추를 넣고 섞는다.

9 따뜻한 밥 위에 올리고 통깨를 솔솔 뿌려 낸다.

양념꼬막덮밥 + 들깨숙주나물

재료 2인분

- ☐ 밥 400g
- ☐ 새꼬막 1kg
- ☐ 쪽파 30~40g
- ☐ 양파 60g
- ☐ 표고(기둥 제거한 것) 40g
- ☐ 청양고추 1개
- ☐ 홍고추 1개
- ☐ 식용유 1큰술
- ☐ 청주 1큰술
- ☐ 올리고당 1큰술

꼬막 해감

- ☐ 물 1,000mL
- ☐ 굵은소금 1큰술

양념

- ☐ 진간장 3큰술
- ☐ 미림 1큰술
- ☐ 고춧가루 1큰술
- ☐ 설탕 1큰술
- ☐ 다진 마늘 1큰술
- ☐ 참기름 1큰술

p. 346
LINEN
mansion

만들기

1 그릇에 분량의 해감 재료를 넣고 잘 섞은 다음 꼬막을 넣는다. 뚜껑을 덮거나 검은색 비닐봉지를 씌워 냉장고에서 2시간 이상 해감한다.

2 해감한 꼬막은 바락바락 문질러 불순물을 제거하고 깨끗하게 씻는다.

3 냄비에 꼬막이 잠길 정도로 물을 붓고 끓어오르면 찬물(1컵)과 분량의 청주를 넣는다.

4 꼬막을 넣고 젓가락을 한 방향으로 저어가며 1~2분 이내로 익힌 후 건져낸다.

TIP 물 온도가 너무 높으면 꼬막살이 수축해 맛이 없어요.

5 꼬막이 식으면 껍질 속 알맹이를 빼낸다.

6 쪽파는 잘게 송송 썰고, 청양고추와 홍고추는 얇게 썬다. 양파와 표고는 잘게 다지듯 썬다.

7 볼에 분량의 양념 재료를 모두 넣고 잘 섞는다.

8 팬에 식용유를 두르고 양파와 표고를 볶다가 꼬막살과 양념장을 넣고 골고루 섞는다.

TIP 꼬막의 식감이 질겨지지 않도록 재빨리 조리하세요.

9 쪽파, 청양고추, 홍고추, 올리고당을 넣고 잘 섞은 후 따뜻한 밥 위에 담아낸다.

미역줄기잡채덮밥 + 단호박닭고기샐러드

p. 290

재료 2인분

- ☐ 밥 300g
- ☐ 염장 미역 줄기 300g
- ☐ 당면 100g
- ☐ 양파 60g
- ☐ 피망 1개
- ☐ 홍고추 1개
- ☐ 식초 1큰술
- ☐ 청주 1큰술
- ☐ 고춧가루 1작은술
- ☐ 식용유 2큰술
- ☐ 조미술(미림) 2큰술
- ☐ 다진 마늘 1큰술
- ☐ 진간장 1큰술
- ☐ 참기름 1큰술
- ☐ 올리고당 1큰술
- ☐ 소금 한 꼬집
- ☐ 통깨 적당량

당면 양념

- ☐ 양조간장 2큰술
- ☐ 설탕 1큰술
- ☐ 참기름 1큰술

만들기

1 염장 미역 줄기는 여러 번 물에 헹궈 소금기를 뺀 다음 찬물에 15분 담가 둔다.

2 끓는 물(1,500mL 정도)에 분량의 식초와 청주를 넣고 미역 줄기를 넣어 3분 이내로 데친다.

3 데친 미역 줄기를 빠르게 헹궈 물기를 꼭 짠 후 먹기 좋은 크기로 썬다.

4 당면은 불리지 않은 상태로 끓는 물에 넣고 5분 동안 삶은 후 채반에 건져 물기를 뺀다.

5 당면의 물기가 빠지면 분량의 당면 양념 재료를 넣고 골고루 섞는다.

TIP 당면이 따뜻할 때 섞어야 양념이 고루 스며들어요.

6 양파는 채 썰고, 피망과 홍고추는 씨를 빼고 6~7cm 길이로 채 썬다.

7 팬에 분량의 고춧가루와 식용유를 넣고 약불에서 고춧가루를 풀어준다.

8 그런 다음 분량의 다진 마늘을 넣고 볶다가 미역 줄기를 넣고 중불에서 2분, 약불에서 3분 볶는다.

9 조미술, 진간장, 소금, 양파를 넣고 중불에서 3분 더 볶는다.

10 양념한 당면과 피망, 홍고추를 넣고, 분량의 참기름, 올리고당도 넣어 빠르게 섞어 마무리한다.

11 통깨를 뿌리고 따뜻한 밥 위에 올려 낸다.

죽순해물덮밥 + 차돌박이영양부추샐러드

재료 2인분

☐ 밥 300g
☐ 다시마 육수 300mL
  p.16 만드는 법 참조
☐ 삶은 죽순 130g
☐ 은이버섯 100g
☐ 오징어 100g
☐ 새우 100g
☐ 청경채 100g
☐ 양파 50g
☐ 대파 1/2대
☐ 크러시드 레드 페퍼 1/2큰술
☐ 다진 마늘 1큰술
☐ 조미술(미림) 1큰술
☐ 생강즙 1/2큰술
☐ 참치액 2큰술
☐ 국간장 1큰술
☐ 식용유 1큰술

녹말물

☐ 물 5큰술
☐ 전분 가루 1큰술

p. 293

만들기

1 삶은 죽순은 흐르는 물에 가볍게 씻어 물기를 뺀다.

2 죽순은 6cm 길이로 얇게 썰고, 은이버섯은 씻어서 먹기 좋은 크기로 썬다.

3 오징어는 깨끗이 씻어 칼집을 내고 5cm 길이로 썬다. 새우는 손질 후 몸통 부분만 반으로 썬다.

4 청경채는 흐르는 물에 씻어 뿌리 부분을 자르고, 대파는 어슷하게 썬다. 양파는 도톰하게 채 썬다.

5 볼에 분량의 녹말물 재료를 넣고 잘 섞는다.

6 달군 팬에 식용유를 두르고 양파를 볶는다.

7 강불에 오징어, 새우, 분량의 다진 마늘, 조미술, 생강즙을 넣고 골고루 볶는다.

8 죽순, 은이버섯을 넣고 잘 섞은 후 분량의 다시마 육수를 넣고 5분 끓인다.

9 녹말물을 붓고 골고루 섞는다.

10 청경채와 대파를 넣고, 분량의 국간장, 참치액으로 간한 뒤 크러시드 레드 페퍼를 넣고 2~3분 더 끓여 마무리한다.

11 따뜻한 밥 위에 듬뿍 올려낸다.

p. 296

규(소고기)카츠덮밥 + 전복채소냉채

재료 2인분

- ☐ 밥 300g
- ☐ 소고기(채끝살, 두께 2.5cm 스테이크용) 300g
- ☐ 새송이버섯 100g
- ☐ 쪽파 30g
- ☐ 버터 10g
- ☐ 달걀 1개
- ☐ 빵가루 3큰술
- ☐ 밀가루 2큰술
- ☐ 깨소금 1큰술
- ☐ 식용유 적당량
- ☐ 소금 약간
- ☐ 후춧가루 약간

유자 폰즈 소스

- ☐ 진간장 3큰술
- ☐ 조미술(미림) 2큰술
- ☐ 유자즙 1큰술
- ☐ 올리고당 1큰술
- ☐ 식초 1/2큰술

만들기

1 소고기는 실온에 15분 정도 두었다가 앞뒤로 소금과 후춧가루를 뿌려 밑간한다.

2 바닥면이 넓은 그릇에 달걀을 풀고, 고기에 밀가루-달걀-빵가루 순으로 옷을 입힌다.

3 팬에 식용유를 넉넉히 붓고 예열한다. 그런 다음 고기를 넣고 겉이 노릇해질 정도로 튀겨 채반에 옮겨 기름을 뺀다.

4 새송이버섯은 밑동을 자르고 세로로 4등분한 뒤 얇게 썬다. 쪽파는 송송 다지듯 썬다.

5 냄비에 분량의 진간장, 조미술을 넣고 바글바글 끓인 후 불을 끈다. 그런 다음 유자즙, 올리고당, 식초를 넣고 잘 섞어 유자 폰즈 소스를 만든다.

6 튀긴 고기가 적당히 식으면 0.8cm 두께로 썬다.

7 달군 팬에 분량의 버터를 녹이고 ⑥의 고기를 앞뒤로 살짝 구워 낸다.

8 같은 팬에 새송이버섯을 넣고 살짝 굽는다.

9 접시에 따뜻한 밥을 담고 새송이버섯과 쪽파를 올린 후 폰즈 소스를 두른다.

10 고기를 보기 좋게 얹는다. 남은 폰즈 소스와 깨소금을 뿌려 완성한다.

고기말이양배추쌈밥 + 배추굴국

재료 2인분

- □ 밥 200g
- □ 양배추 400g
- □ 소고기(얇은 채끝살) 200g
- □ 대파 1대
- □ 청양고추 1개
- □ 홍고추 1개
- □ 식용유 적당량
- □ 소금 약간
- □ 후춧가루 약간

된장 소스

- □ 다시마 육수 100mL p.16 만드는 법 참조
- □ 된장 3큰술
- □ 조미술(미림) 2큰술
- □ 다진 마늘 1큰술
- □ 참기름 1큰술
- □ 통깨 1큰술
- □ 설탕 1/2큰술
- □ 고춧가루 1작은술

만들기

1 양배추는 심 없는 부분을 사각형 모양으로 썬 다음 흐르는 물에 가볍게 씻어 놓는다.

2 찜기의 물이 끓어오르면 양배추를 넣고 15분 쪄서 식힌다.

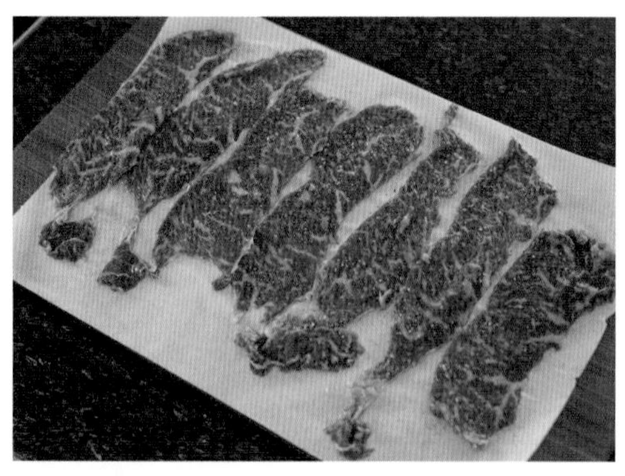

3 고기는 한 겹씩 떼어내 소금, 후춧가루를 뿌려 밑간한다.

4 대파, 청양고추, 홍고추를 잘게 다지듯 썰어 냄비에 담는다.

5 볼에 참기름과 통깨를 제외한 분량의 된장 소스 재료를 모두 넣고 잘 섞는다.

6 그런 다음 ④의 냄비에 소스를 붓는다.

7 잘 저어가며 5분 동안 끓인 후 분량의 참기름과 통깨를 넣고 잘 섞어 식힌다.

8 밥을 뭉쳐 모양을 만들고, 펼친 고기 위에 한 덩이씩 올려 돌돌 만다.

9 달군 팬에 식용유를 두르고 고기말이밥을 굴려가며 골고루 익힌다.

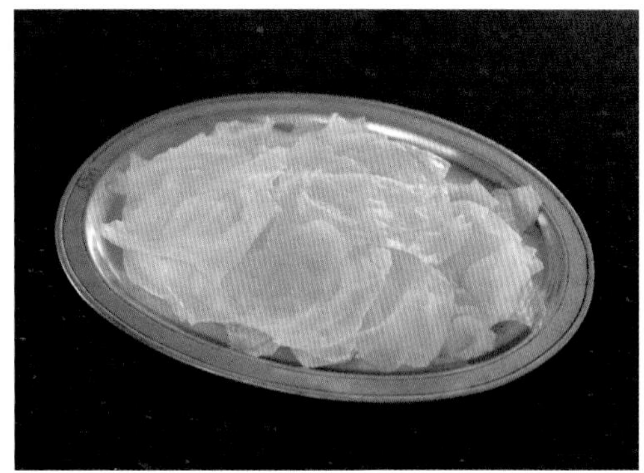

10 접시에 찐 양배추를 한 장씩 보기 좋게 플레이팅 한다.

11 구운 고기말이밥을 반으로 잘라 양배추 위에 올린다.

12 된장 소스를 골고루 끼얹어 완성한다.

유부베이컨말이밥 + 양념바지락살감잣국

재료 2인분

- ☐ 밥 400g
- ☐ 펼친 유부 10장
- ☐ 깻잎 10장
- ☐ 전지 베이컨 200g
- ☐ 양배추 200g
- ☐ 적양파 50g

밥 양념

- ☐ 식초 1큰술
- ☐ 깨소금 1큰술
- ☐ 설탕 1/2큰술
- ☐ 소금 두 꼬집

양배추 버무리

- ☐ 허니머스터드 2큰술
- ☐ 올리고당 1큰술
- ☐ 양조간장 1큰술
- ☐ 레몬즙 1작은술
- ☐ 참기름 1작은술
- ☐ 후춧가루 약간

p. 311

만들기

1 양배추와 적양파는 채칼로 얇게 채 썬다. 그런 다음 얼음물에 10분 담갔다 채반에 건져내 물기를 뺀다.

2 볼에 분량의 양배추 버무리 재료를 모두 넣고 잘 섞는다.

3 펼친 유부는 손으로 꼭 짜 절임물을 빼내고, 한 장씩 펼쳐 놓는다.

4 베이컨은 앞뒤로 노릇하게 구워 식힌다.

5 깻잎은 깨끗이 씻어 물기를 뺀 뒤 꼭지 부분을 자르고 세로로 2등분한다.

6 볼에 밥과 분량의 밥 양념 재료를 모두 넣고 잘 섞는다.

7 유부 위에 깻잎 두 조각을 올리고 밥을 펼쳐 올린다. 그 위에 베이컨 한 장을 놓고 돌돌 만다.

8 볼에 채 썬 양배추와 적양파를 담고 ②의 양념 소스를 넣고 무친다.

9 접시에 밥말이를 담고 양배추 버무리를 곁들여낸다.

p. 314

묵은지낙지말이밥 + 소고기대파국

재료 2인분

- □ 밥 500g
- □ 묵은지 600g
- □ 낙지 200g
- □ 레드 파프리카 60g
- □ 양파 50g
- □ 부추 20g
- □ 청주 1큰술
- □ 소금 두 꼬집
- □ 후춧가루 약간
- □ 식용유 적당량
- □ 김 적당량
- □ 깨소금 적당량

밥 양념

- □ 참치액 1큰술
- □ 참기름 1큰술
- □ 설탕 1작은술

만들기

1 묵은지는 양념을 털어내고 꽁지를 자른 후 흐르는 물에 헹궈 찬물에 30분 담가 놓는다.

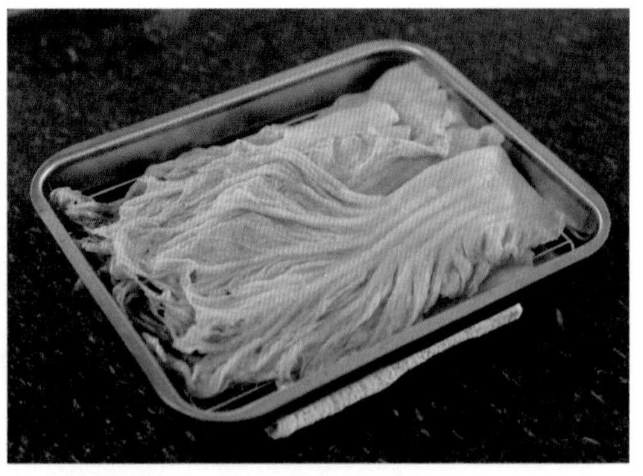

2 묵은지의 짠맛이 빠지면 꼭 짜서 그릇에 한 장 한 장 펼쳐 놓는다.

3 낙지는 소금물에 바락바락 주물러 씻고, 끓는 물(1,000mL)에 분량의 청주를 넣고 2분 데쳐 낸다.

TIP 데치는 시간은 낙지 크기에 따라 1~2분 정도 가감하세요.

4 양파, 파프리카, 부추는 잘게 다지듯 썬다.

5 데친 낙지를 잘게 썬다.

6 달군 팬에 식용유를 두르고 파프리카와 양파를 넣고 볶다가 소금, 후춧가루, 부추를 넣고 골고루 섞는다.

7 분량의 밥에 낙지와 볶은 채소, 밥 양념 재료를 모두 넣고 주걱으로 살살 저어가며 섞는다.

8 도마 위에 묵은지를 한 장씩 펼치고 밥을 뭉쳐 김치 위에 올린다. 그런 다음 밥을 감싸듯이 말고 손으로 꾹꾹 누르며 모양을 잡는다.

9 완성한 쌈밥을 반으로 잘라 접시에 담고, 얇게 썬 김과 깨소금을 뿌려 낸다.

애호박연어말이밥 + 조개미소장국

재료

2인분

- ☐ 밥 300g
- ☐ 생연어 150g
- ☐ 애호박 1개
- ☐ 양파 50g
- ☐ 식용유 적당량
- ☐ 깨소금 적당량

연어 양념

- ☐ 설탕 1작은술
- ☐ 레몬즙 1작은술
- ☐ 화이트 와인 비네거 1작은술
- ☐ 소금 두 꼬집
- ☐ 후춧가루 약간

애호박 양념

- ☐ 소금 약간
- ☐ 후춧가루 약간

밥 양념

- ☐ 설탕 1/2큰술
- ☐ 식초 1작은술

p. 320

만들기

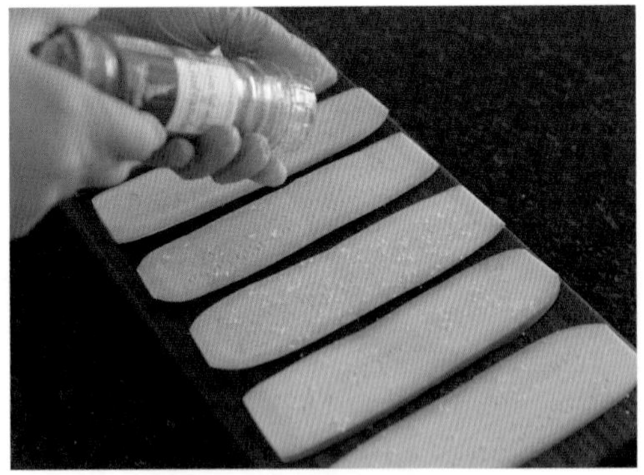

1 애호박은 세로로 0.3cm 두께로 썬 뒤 소금과 후춧가루를 뿌려 밑간한다.

2 양파는 잘게 다지듯 썬다.

3 연어는 큐브 모양으로 잘게 썬다.

4 볼에 연어와 분량의 연어 양념 재료, 양파를 넣고 골고루 섞는다.

5 달군 팬에 식용유를 두르고 애호박을 올려 앞뒤로 살짝 구워 식힌다.

6 밥에 분량의 밥 양념 재료를 넣고 골고루 섞은 후 살짝 식힌다.

7 밥을 적당한 크기로 뭉쳐 모양을 만든다.

8 뭉친 밥을 구운 애호박으로 둘러 감싼다.

9 접시에 애호박말이밥을 담고 밑간한 연어를 소복이 올린 후 깨소금을 뿌려 마무리한다.

TIP 남은 연어는 따로 담아 함께 내거나 기호에 맞게 드시면 됩니다.

명란감태주먹밥&멸치김주먹밥 +새우뭇국

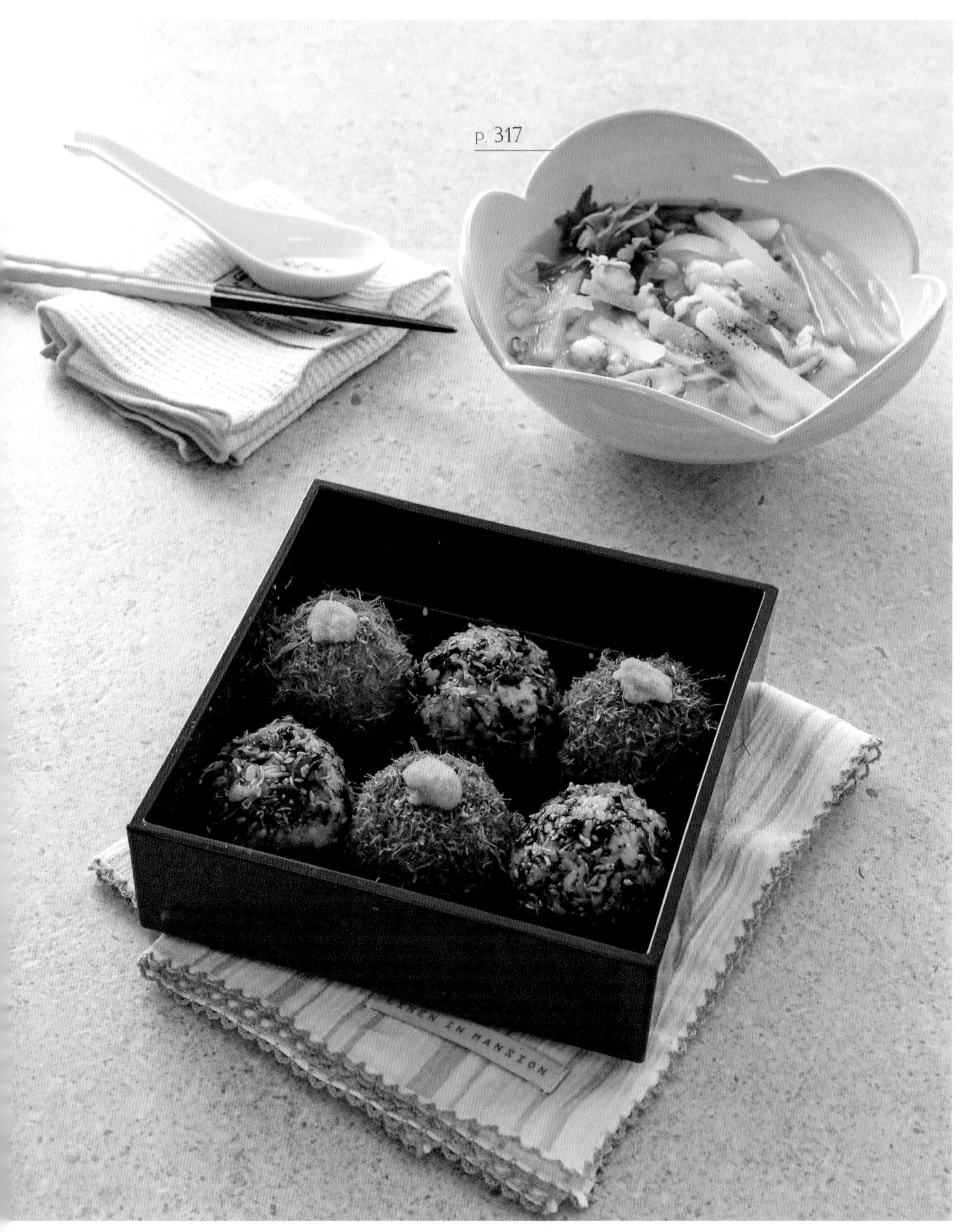

재료 2인분

명란감태주먹밥

- ☐ 밥 270g
- ☐ 생감태 3장
- ☐ 명란 마요네즈2큰술
- ☐ 통깨 1큰술
- ☐ 참기름 1큰술

명란 마요네즈

- ☐ 백명란(저염) 130g
- ☐ 마요네즈 20g
- ☐ 올리고당 1큰술
- ☐ 참기름 1/2큰술
- ☐ 설탕 1작은술

멸치김주먹밥

- ☐ 밥 270g
- ☐ 잔멸치 40g
- ☐ 구운 김 3장
- ☐ 통깨 1큰술
- ☐ 참기름 1큰술
- ☐ 식용유 1큰술

멸치 양념

- ☐ 조미술(미림) 1큰술
- ☐ 진간장 1큰술
- ☐ 올리고당 1큰술
- ☐ 다진 청양고추 1개분
- ☐ 깨소금 적당량

명란감태주먹밥 만들기

1 명란은 껍질을 벗기고 속 부분만 모아 볼에 담고, 분량의 명란 마요네즈 재료와 함께 잘 섞는다.

2 살짝 구운 생감태를 비닐 백에 넣어 잘게 부순 후 바닥이 넓찍한 플레이트에 펼쳐 놓는다.

TIP 생감태로 만들어야 색이 예뻐요.

3 밥에 분량의 통깨, 참기름, 명란 마요네즈를 넣고 잘 섞는다.

TIP 남은 명란 마요네즈는 일주일 정도 냉장 보관 가능하니 적절히 사용하세요.

4 밥을 동글동글하게 뭉친 후 감태 가루에 굴려 꼼꼼히 옷을 입힌다.

멸치김주먹밥 만들기

5 잔멸치는 고운 채반에 밭쳐 불순물을 걷어낸다.

6 달군 팬에 식용유를 두르고 볶는다.

7 분량의 멸치 양념 재료를 넣고 볶아 식힌다.

8 구운 김을 비닐 백에 넣고 잘게 부순다.

TIP 감태 가루보다 큼직하게 부숴요.

9 밥에 볶은 멸치와 김가루, 참기름, 통깨를 넣고 잘 섞는다.

10 밥을 동글동글하게 뭉쳐 주먹밥을 만든다.

11 그릇에 명란감태주먹밥과 멸치김주먹밥을 담고, 명란감태주먹밥 위에 양념 명란을 보기 좋게 올린다.

THE YEONA
TABLE

4 PART 죽·국밥

p. 350

낙지김치죽 + 달걀달래장조림

재료 2~3인분

- □ 쌀(백미) 200g
- □ 다시마 육수 1,200mL
  p. 16 만드는 법 참조
- □ 낙지 150g
- □ 익은 김치 230g
- □ 진간장 2큰술
- □ 들기름 1큰술
- □ 고춧가루 1큰술
- □ 마늘 가루 1/2작은술
- □ 통깨 약간
- □ 김가루 약간

김치 밑간

- □ 들기름 1큰술
- □ 설탕 1/2큰술

만들기

1 쌀은 깨끗이 씻어 찬물에 30분 불린 후 채반에 건져 놓고, 다시마 육수도 미리 만들어 놓는다.

2 낙지는 옅은 소금물에 담가 바락바락 문질러 씻어 흐르는 물에 헹군 후 물기를 뺀다. 그런 다음 잘게 썬다.

3 김치는 양념을 털어내고 잘게 다지듯 썬다.

4 볼에 썰어놓은 김치를 담고 분량의 김치 밑간 재료를 넣어 골고루 섞는다.

5 냄비에 분량의 다시마 육수 중 1,100mL를 넣고 국물이 팔팔 끓으면 김치를 넣어 5분 더 끓인다.

6 팬에 들기름을 두르고 손질한 낙지와 분량의 마늘 가루를 넣고 중강불에서 살짝 볶은 후 그릇에 옮겨 놓는다.

7 낙지 볶은 팬에 불린 쌀과 간장을 넣고 쌀알이 투명해질 때까지 볶는다.

TIP 낙지를 볶으면서 나온 육즙도 그대로 사용하세요.

8 볶은 재료를 ⑤의 냄비에 붓고 강불에서 잘 저어가며 끓인다.

9 5분이 지나면 중불로 줄이고 볶은 낙지와 분량의 고춧가루를 넣는다. 남은 육수(100mL)를 넣고 골고루 저어가며 5분 더 끓인다.

10 불을 끄고 잘 저어 그릇에 담고, 통깨와 김가루를 올려낸다.

새우영양죽 + 꽈리고추두부장조림

p. 354

재료

2~3인분

- ☐ 쌀(백미) 180g
- ☐ 찹쌀 20g
- ☐ 말린 표고(잘게 썬 것) 10g
- ☐ 표고 육수 1,100mL
- ☐ 냉동 칵테일새우 80g
- ☐ 애호박 80g
- ☐ 참기름 1큰술
- ☐ 초피액젓 1큰술
- ☐ 소금 1/2큰술
- ☐ 통깨 2큰술
- ☐ 깨소금 적당량
- ☐ 송송 썬 부추 적당량

새우 손질

- ☐ 청주 2큰술

달걀물

- ☐ 달걀(특란) 2개
- ☐ 조미술(미림) 1/2큰술
- ☐ 설탕 1/2큰술

만들기

1 표고는 흐르는 물에 한 번 헹구고 찬물을 넉넉히 부어 담가둔다. 15분 지나 건져 물기를 꼭 짜내고, 표고 우린 물은 육수로 사용한다.

TIP 말랭이여사표고말랭이 제품을 사용하면 편리해요.

2 두 종류의 쌀은 잘 씻어 찬물에 30분 불린 후 채반에 건져 물기를 뺀다.

TIP 영양죽은 들어가는 재료가 많기 때문에 찹쌀을 섞으면 훨씬 조화로워요.

3 칵테일새우는 분량의 청주를 넣고 잘 섞어 10분 이상 두었다가, 흐르는 물에 한 번 씻어 물기를 뺀다.

4 애호박은 잘게 깍둑썰기한다.

5 볼에 달걀을 풀고 분량의 조미술과 설탕을 넣고 잘 섞는다.

6 냄비에 분량의 참기름을 두른 후 불린 표고와 쌀을 넣고 볶는다.

7 쌀알이 투명해지면 분량의 표고 우린 물을 붓고 뚜껑을 연 상태로 강불에서 끓인다.

8 밥물이 끓어오르면 중불로 바꿔 잘 저어가며 계속 끓인다.

9 10분 지나면 약불로 줄이고, 애호박과 새우를 넣고 저어가며 5분 더 끓인다.

10 달걀물을 넣고 저은 후 분량의 초피액젓과 소금을 넣고 간을 맞춰 잠시 끓인다.

TIP 마지막 조리 시간은 달걀에 넣은 조미술 향이 날아갈 정도면 적당해요.

11 불을 끄고 통깨를 뿌린 다음 골고루 섞어 마무리한다.

12 그릇에 담아 송송 썬 부추와 깨소금을 보기 좋게 올린다.

순두부국밥 + 쪽파김치

p. 334

재료 2인분

- □ 밥 400g
- □ 멸치 육수 1,000~1,200mL
- □ 순두부 350g
- □ 모시조개 400g
- □ 숙주나물 100g
- □ 팽이버섯 50g
- □ 대파 1/2대
- □ 홍고추 1개
- □ 된장 1큰술
- □ 국간장 1큰술

조개 해감

- □ 물 1L
- □ 소금 2큰술

만들기

1 모시조개는 미리 해감 후 흐르는 물에 씻어 짠맛을 뺀다.

TIP 조개를 해감할 때는 먼저 흐르는 물에 비벼가며 깨끗이 씻은 후 분량의 소금물에 담가 어두운 상태로 2시간 이상 두세요.

2 숙주나물은 깨끗이 씻어 끓는 물에 1분 데친 후 건져내 물기를 꼭 짠다.

3 팽이버섯은 밑동을 자르고 길이로 반 자른다.

4 홍고추와 대파는 송송 썬다.

5 냄비에 분량의 멸치 육수를 붓고, 채망을 이용해 된장을 풀어 한소끔 끓인다.

6 해감한 모시조개와 분량의 국간장을 넣고 2분 끓인다.

7 뚝배기에 밥을 담고 순두부를 올린다.

8 손질한 숙주나물과 팽이버섯을 올리고 ⑥의 국을 퍼 담는다.

9 한소끔 끓여 대파, 홍고추를 올려 마무리한다.

P. 334

해물콩나물국밥 + 쪽파김치

재료 2인분

- □ 밥 300g
- □ 콩나물 300g
- □ 오징어 몸통 100g
- □ 껍질 벗긴 새우 100g
- □ 익은 김치 100g
- □ 마늘 20g
- □ 대파 1/2대
- □ 다시마(4×4cm) 1장
- □ 초피액젓 1큰술
- □ 국간장 2큰술
- □ 청주 1큰술
- □ 물 1,500mL

만들기

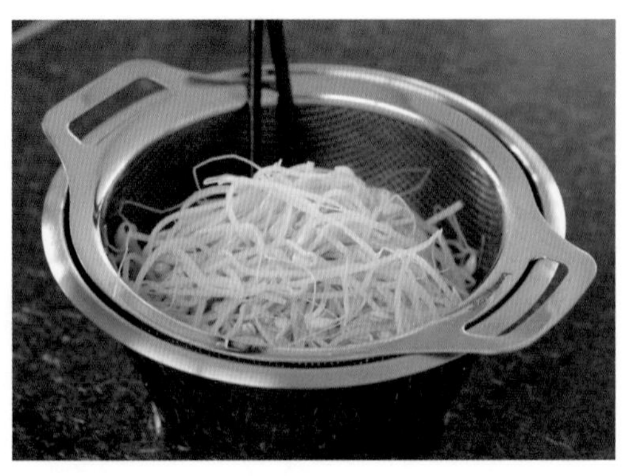

1 냄비에 분량의 물을 붓고 끓인다. 물이 끓으면 콩나물을 넣고 5분 삶아 채반에 건져 놓는다. 삶은 물은 그대로 둔다.

2 대파는 송송 썰고, 마늘은 칼로 굵직하게 다지듯 썬다.

3 오징어는 먹기 좋은 크기로 네모나게 썰고, 새우는 굵직하게 송송 썬다.

4 콩나물 데친 물에 오징어와 새우를 넣고 분량의 청주를 넣어 1분 데친 후 건져내 물기를 뺀다.

5 오징어와 새우까지 데친 물에 분량의 다시마를 넣고, 김치도 송송 썰어 넣는다.

6 5분 끓인 후 분량의 초피액젓과 국간장을 넣고 간을 맞춘다.

7 다시마를 건져내 채 썬다.

8 뚝배기(또는 냄비)에 밥을 담는다. 데친 콩나물을 올리고 육수를 퍼 담는다.

9 한소끔 끓여 오징어, 새우, 대파, 채 썬 다시마를 올리고 다진 마늘과 함께 낸다.

TIP 취향에 따라 달걀을 넣어도 좋아요.

소고기수육국밥 + 백김치

p. 323

재료 2인분

☐ 밥 300g
☐ 소고기(사태, 덩어리) 300g
☐ 무 120g
☐ 부추 20g
☐ 팽이버섯 50g

육수

☐ 물 2L
☐ 대파 1대
☐ 다시마(4×4cm) 2장
☐ 마늘 30g
☐ 맛술(미림) 2큰술
☐ 초피액젓 1큰술
☐ 소금 1큰술

고기 소스

☐ 청양고추 2개
☐ 양조간장 3큰술
☐ 물 2큰술
☐ 식초 1큰술
☐ 올리고당 1큰술
☐ 설탕 1작은술

만들기

1 냄비에 분량의 물을 붓고, 대파와 다시마를 넣고 강불에서 끓인다. 물이 끓기 시작하면 5분 더 끓이고 다시마를 건져낸다.

2 소고기는 찬물에 가볍게 씻은 후 키친타월로 핏물을 닦는다.

3 ①의 냄비에 소고기와 분량의 마늘, 맛술을 넣고 뚜껑을 덮은 상태로 강불에서 끓이다가 국물이 끓어오르면 약불로 줄여 40분 뭉근하게 끓인다.

4 무는 0.2~0.3cm 두께로 나박썰기한다. 부추는 잘게 송송 썰고, 팽이버섯은 밑동을 제거한다.

5 볼에 고기 소스 재료 중 청양고추를 반 갈라 씨를 뺀 뒤 잘게 썰어 넣고, 나머지 재료도 함께 넣어 잘 섞는다.

6 ③의 냄비에서 고기와 대파, 마늘을 건져낸다.

7 육수에 무, 분량의 초피액젓과 소금을 넣고 10분 끓인다.

8 팽이버섯을 넣고 1분 후 건져낸다.

9 삶은 사태를 결 반대 방향으로 썬다.

10 그릇에 따뜻한 밥을 담고, 팽이버섯과 고기를 펼치듯 올린 후 뜨거운 육수를 퍼 담고 부추를 올린다.

11 소스와 함께 낸다.

TIP 고기를 소스에 듬뿍 찍어 먹으면 맛있어요.

아욱보리새우국밥 + 백김치

재료	2인분

- ☐ 밥 400g
- ☐ 다시마 육수 1,500mL p.16 만드는 법 참조
- ☐ 아욱(손질한 것) 150g
- ☐ 말린 보리새우 10g
- ☐ 애호박 80g
- ☐ 느타리버섯 60g
- ☐ 쪽파 20g
- ☐ 소금 적당량

양념

- ☐ 국간장 2큰술
- ☐ 청주 1큰술
- ☐ 고춧가루 1큰술
- ☐ 된장 1큰술
- ☐ 갈은 양파 20g

만들기

1 아욱은 억센 줄기 부분은 잘라내고 겉껍질을 벗겨 손질한다.

2 볼에 아욱을 담고 물 한 컵을 부어 손으로 바락바락 문지른다. 그런 다음 찬물로 두 차례 헹구고 물기를 꼭 짠다.

3 느타리버섯은 먹기 좋게 찢는다. 애호박은 반 갈라 5cm 길이로 썰고, 쪽파도 같은 크기로 썬다.

4 볼에 분량의 양념 재료를 모두 넣고 섞지 말고 그대로 둔다.

TIP 양념을 미리 섞으면 고춧가루가 풀어져 맛이 텁텁해요.

5 보리새우는 마른 팬에서 살짝 볶아 채반에 넣고 흔들어 불순물을 제거한다.

6 냄비에 분량의 다시마 육수를 넣고 강불에서 조리해 국물이 끓어오르면 손질한 아욱을 넣고 5분 더 끓인다.

7 ④의 양념 재료를 모두 넣고 잘 저은 후 뚜껑을 덮고 중불에서 10분 끓인다.

8 보리새우, 애호박, 느타리버섯을 넣고 10분 더 끓이고 마무리로 쪽파를 넣는다. 모자란 간은 소금으로 맞춘다.

9 따뜻한 밥 위에 국을 담아낸다.

p. 326

다슬기해장국밥 + 나박김치

재료 2인분

- □ 밥 300~400g
- □ 멸치 육수 1,500mL
- □ 다슬기살 70g
- □ 미역 6~7g
- □ 아욱 50g
- □ 무 60g
- □ 부추 20g
- □ 청양고추 2개
- □ 홍고추 1개
- □ 초피액젓 2큰술
- □ 된장 1큰술
- □ 청주 1큰술
- □ 다진 마늘 1/2큰술
- □ 고춧가루 1/2큰술

만들기

1 다슬기살은 흐르는 물에 잘 씻어 물기를 뺀 뒤 분량의 청주를 넣고 조물조물 섞어 10분 그대로 둔다.

2 미역은 찬물에 10분 불린다. 그런 다음 깨끗하게 문질러가며 씻어 물기를 짜내고 먹기 좋은 크기로 썬다.

3 아욱은 줄기 부분은 제거하고 억센 잎은 겉껍질을 벗겨 손질한다.

4 볼에 아욱을 넣고 물 한 컵을 부어 손으로 바락바락 문지른다.

5 손질한 아욱을 깨끗이 헹구고 물기를 꼭 짜 먹기 좋은 크기로 썬다.

6 무는 나박 썰고, 부추는 3cm 길이로 썬다. 청양고추는 송송 썰고, 홍고추는 어슷하게 썬다.

7 냄비에 분량의 멸치 육수를 붓고 된장을 푼다.

8 무와 아욱을 넣고 10분 끓인다.

9 다슬기와 미역을 넣는다.

10 다진 마늘, 초피액젓을 넣고 뚜껑을 연 상태로 중불에서 5분 끓이고, 약불로 줄여 고춧가루를 넣고 뚜껑을 덮은 상태로 10분 더 끓인다.

11 불을 끄고 부추, 청양고추, 홍고추를 넣어 마무리한다.

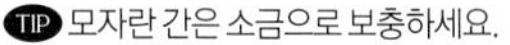
TIP 모자란 간은 소금으로 보충하세요.

12 뜨거운 상태로 그릇에 담고 밥과 함께 낸다.

새우된장국밥 + 나박김치

재료 2인분

- ☐ 밥 200g
- ☐ 멸치 육수 500mL
- ☐ 새우 100g
- ☐ 두부 100g
- ☐ 감자 150g
- ☐ 무 100g
- ☐ 애호박 100g
- ☐ 양파 100g
- ☐ 팽이버섯 60g
- ☐ 대파 1/2대
- ☐ 청양고추 2개
- ☐ 홍고추 1개
- ☐ 고춧가루 적당량
- ☐ 참기름 적당량

양념

- ☐ 시판 된장 2큰술
- ☐ 집된장 $1\frac{1}{2}$큰술
- ☐ 고추장 1큰술
- ☐ 조미술(미림) 1큰술
- ☐ 다진 마늘 1큰술
- ☐ 설탕 1/2큰술

p. 326

만들기

1 감자, 무, 애호박, 양파는 모두 0.5cm 두께로 썬다.

2 팽이버섯은 밑동을 자른 후 1cm 길이로 썰고, 대파·청양고추·홍고추는 송송 썬다.

3 새우는 껍질과 머리를 제거하고 살 부분만 송송 썬다.

4 두부는 1.5cm 두께로 썬다.

5 작은 볼에 분량의 양념 재료를 모두 넣고 잘 섞는다.

6 냄비에 감자, 무, 애호박, 양파와 양념을 넣고 중약불에서 골고루 볶는다.

TIP 뚝배기를 사용할 경우 재료가 달라붙지 않도록 참기름을 살짝 두르고 볶으세요.

7 양념이 스며든 재료에 분량의 멸치 육수를 붓고 10분 끓인다.

8 팽이버섯, 새우, 두부를 넣고 5분 더 끓인다.

9 따뜻한 밥을 넣고 잘 섞는다.

10 대파, 청양고추, 홍고추, 고춧가루를 올려 그대로 낸다.

p. 329

차돌시래기국밥 +국물깍두기

재료 2인분

- □ 밥 300g
- □ 멸치 육수 1,500mL
- □ 소고기(차돌박이) 200g
- □ 삶은 시래기 300g
- □ 무 150g
- □ 대파 1/2대
- □ 청양고추 2개
- □ 조미술(미림) 1큰술
- □ 다진 마늘 1/2큰술
- □ 들깻가루(거피한 것) 1큰술

시래기 양념

- □ 고춧가루 1큰술
- □ 된장 2큰술
- □ 초피액젓 2큰술
- □ 매실액 1큰술

만들기

1 삶은 시래기는 겉껍질을 벗기고 2cm 길이로 썬다.

2 시래기의 물기를 꼭 짜 그릇에 담고, 분량의 시래기 양념 재료를 넣고 조물조물 무쳐 30분 그대로 둔다.

3 무는 나박썰기하고 대파는 어슷하게 썬다. 청양고추는 다지듯 잘게 썬다.

4 냄비에 멸치 육수를 붓고 국물이 끓어오르면 썰어둔 무를 넣고 5분 더 끓인다.

5 양념한 시래기를 넣고 뚜껑을 덮은 상태로 30분 푹 끓인다.

6 차돌박이는 먹기 좋은 크기로 썰고, 팬에 분량의 조미술과 다진 마늘을 넣고 볶은 후 그릇에 옮겨 놓는다.

7 푹 끓인 국에 대파, 청양고추를 넣고 한소끔 더 끓여 마무리한다.

8 그릇에 밥을 담고, 그 위에 국을 넉넉히 퍼 담은 후 고기와 들깻가루를 올린다.

얼큰버섯국밥 +국물깍두기

재료 2인분

☐ 밥 300g
☐ 멸치 육수 1,500mL
☐ 소고기(불고깃감, 등심) 150g
☐ 느타리버섯 100g
☐ 새송이버섯 80g
☐ 감자 100g
☐ 미나리 50g
☐ 양파 50~60g
☐ 당면 30g
☐ 소금 1큰술
☐ 식초 1큰술

양념

☐ 고춧가루 1큰술
☐ 고추장 1/2큰술
☐ 조미술(미림) 2큰술
☐ 진간장 1큰술
☐ 국간장 1큰술
☐ 다진 마늘 1큰술
☐ 설탕 1작은술

p. 329

만들기

1 고기는 키친타월로 꾹꾹 눌러 핏물을 닦고 한 장 한 장 떼어낸다.

2 느타리버섯은 밑동만 자르고, 새송이버섯은 밑동을 자른 후 세로로 반 썰고 다시 얇게 썬다.

3 감자는 껍질을 벗겨 얇게 썰고, 양파는 1cm 두께로 썬다. 미나리는 3~4cm 길이로 썬다.

4 당면은 미온수에 담가 30분 불린다.

5 작은 볼에 분량의 양념 재료를 모두 넣고 잘 섞어 30분 이상 숙성한다.

6 냄비에 분량의 멸치 육수와 양념장을 넣고 한소끔 끓인다.

7 국물이 끓어오르면 감자, 버섯을 넣고 중강불에서 5분 끓인다.

8 양파, 불린 당면, 고기를 한 장씩 넣고 5분 더 끓인다. 이때 분량의 소금, 식초도 넣는다.

9 그릇에 따뜻한 밥을 담고, 국을 퍼 담은 후 미나리를 올린다.

THE YEONA
TABLE

5 PART

밥과 함께, 일품 메뉴

단호박닭고기샐러드

재료

□ 단호박 600g
□ 닭고기(안심살) 200g
□ 퀴노아 50g
□ 달걀 1개
□ 밀가루 2큰술
□ 튀김가루 2큰술
□ 식용유 적당량

고기 밑간

□ 소금 약간
□ 후춧가루 약간

드레싱

□ 플레인 요거트 3큰술
□ 꿀 2큰술
□ 허니머스타드 1큰술
□ 올리브유 1큰술
□ 화이트 와인 비네거 1큰술
□ 소금 1/2작은술

만들기

1 단호박은 껍질째 깨끗이 씻은 후 씨를 파내고 2×2cm 크기로 썬다.

TIP 너무 딱딱해서 썰기 힘들면 전자레인지에 1~2분 돌린 후 썰어요.

2 찜기에 물이 끓어오르면 단호박을 넣고 10분 쪄서 식힌다.

3 퀴노아는 고운 체에 밭쳐 씻은 후 물(600mL 정도)과 함께 20분가량 삶아 한 김 식힌다.

4 닭고기는 흐르는 물에 씻어 키친타월로 물기를 제거한 후 소금, 후춧가루를 뿌린다.

5 볼에 분량의 달걀을 풀고, 준비한 닭고기, 밀가루, 달걀, 튀김가루를 순서대로 배치한다.

6 닭고기에 밀가루- 달걀-튀김가루 순으로 옷을 입힌다.

7 볼에 분량의 드레싱 재료를 모두 넣고 잘 섞는다.

8 팬에 식용유를 넉넉히 두르고 예열한 뒤 안심살을 넣고 노릇하게 튀긴다.

9 접시에 단호박, 닭 안심살, 퀴노아를 올리고 드레싱을 뿌려 낸다.

차돌박이영양부추샐러드

재료

- □ 소고기(차돌박이) 150g
- □ 영양부추 100g
- □ 양파 50g
- □ 대파 1/2대

고기밑간

- □ 청주 1큰술
- □ 소금 약간
- □ 후춧가루 약간

드레싱

- □ 청양고추 20g
- □ 홍고추 15g
- □ 깨소금 3g
- □ 양조간장 3큰술
- □ 유자즙 1큰술
- □ 식초 1큰술
- □ 올리고당 1큰술
- □ 참기름 1큰술
- □ 설탕 1작은술

만들기

1 차돌박이는 한 장씩 펴서 분량의 청주, 소금, 후춧가루를 뿌리고 10분 그대로 둔다.

2 영양부추는 4~5cm 길이로 썰어 찬물에 담갔다가 체에 밭쳐 물기를 뺀다.

3 대파는 5cm 길이로 채 썰고, 양파도 얇게 채 썬다.

4 채 썬 대파와 양파를 얼음물에 10분 담가 아린 맛을 뺀 뒤 체에 밭쳐 물기를 뺀다.

5 청양고추와 홍고추를 잘게 다지듯 썬다.

6 볼에 분량의 드레싱 재료를 모두 넣고 잘 섞는다.

7 달군 팬에 밑간한 차돌박이를 올려 앞뒤로 굽는다.

8 볼에 영양부추, 양파, 대파와 만들어둔 드레싱의 2/3를 넣고 골고루 무친다.

9 무친 재료를 접시에 소복이 담고 구운 차돌박이를 올린다.

10 차돌박이 위에 남은 드레싱을 뿌린다.

전복채소냉채

재료

- ☐ 활전복 500g
- ☐ 취청오이 1개
- ☐ 배 1/2쪽
- ☐ 레드 파프리카 1개
- ☐ 대파 잎부분 1대
- ☐ 소금 두 꼬집
- ☐ 청주 1큰술
- ☐ 참기름 1큰술
- ☐ 통깨 적당량

냉채 소스

- ☐ 양조간장 3큰술
- ☐ 식초 1큰술
- ☐ 화이트 와인 비네거 1큰술
- ☐ 매실액 1큰술
- ☐ 올리고당 1큰술
- ☐ 참기름 1/2큰술
- ☐ 설탕 1/2큰술

만들기

1 전복은 솔로 깨끗하게 씻어 흐르는 물에 헹군다.

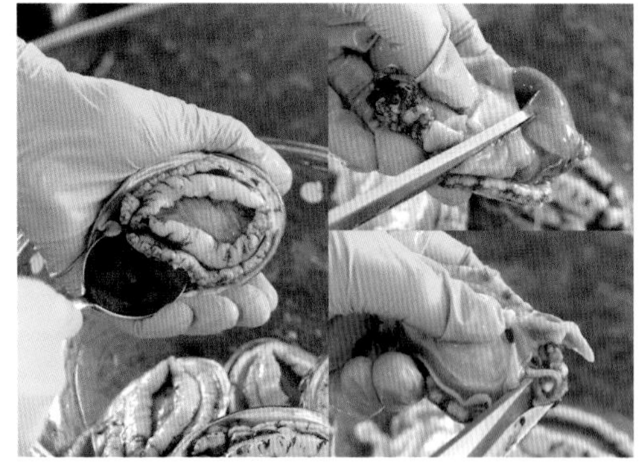

2 숟가락으로 껍질과 살 부분을 분리한 뒤 내장과 이빨, 모래주머니를 제거한다.

TIP 내장은 청주를 약간 넣고 갈거나 그대로 냉동 보관 후 다른 요리에 활용하세요.

3 손질한 전복은 뒷면에 잘게 칼집을 낸다.

4 찜기에 물이 끓어오르면 전복 껍질에 손질한 전복을 올리고 분량의 청주를 고루 뿌린다.

5 전복 살 위에 대파잎 부분을 올린 후 뚜껑을 덮고 7~8분 찐다.

6 전복이 식으면 도톰하게 썰고 분량의 소금, 참기름을 넣어 잘 섞는다.

7 취청오이는 가시를 손질하고 7cm 길이로 잘라 돌려 깎는다.

TIP 냉채에는 취청오이를 사용해야 색감이 살고 식감도 아삭아삭하니 좋아요.

8 오이를 얇게 채 썰고, 배와 파프리카도 비슷한 길이로 채 썬다.

TIP 파프리카는 씨와 심을 도려낸 뒤 썰어요.

9 볼에 분량의 소스 재료를 모두 넣고 잘 섞는다.

10 넓은 접시에 배, 오이, 파프리카, 전복을 보기 좋게 담는다.

11 소스를 뿌려 완성한다.

TIP 통깨를 뿌리면 맛이 더 고소해져요.

우뭇가사리오이냉국

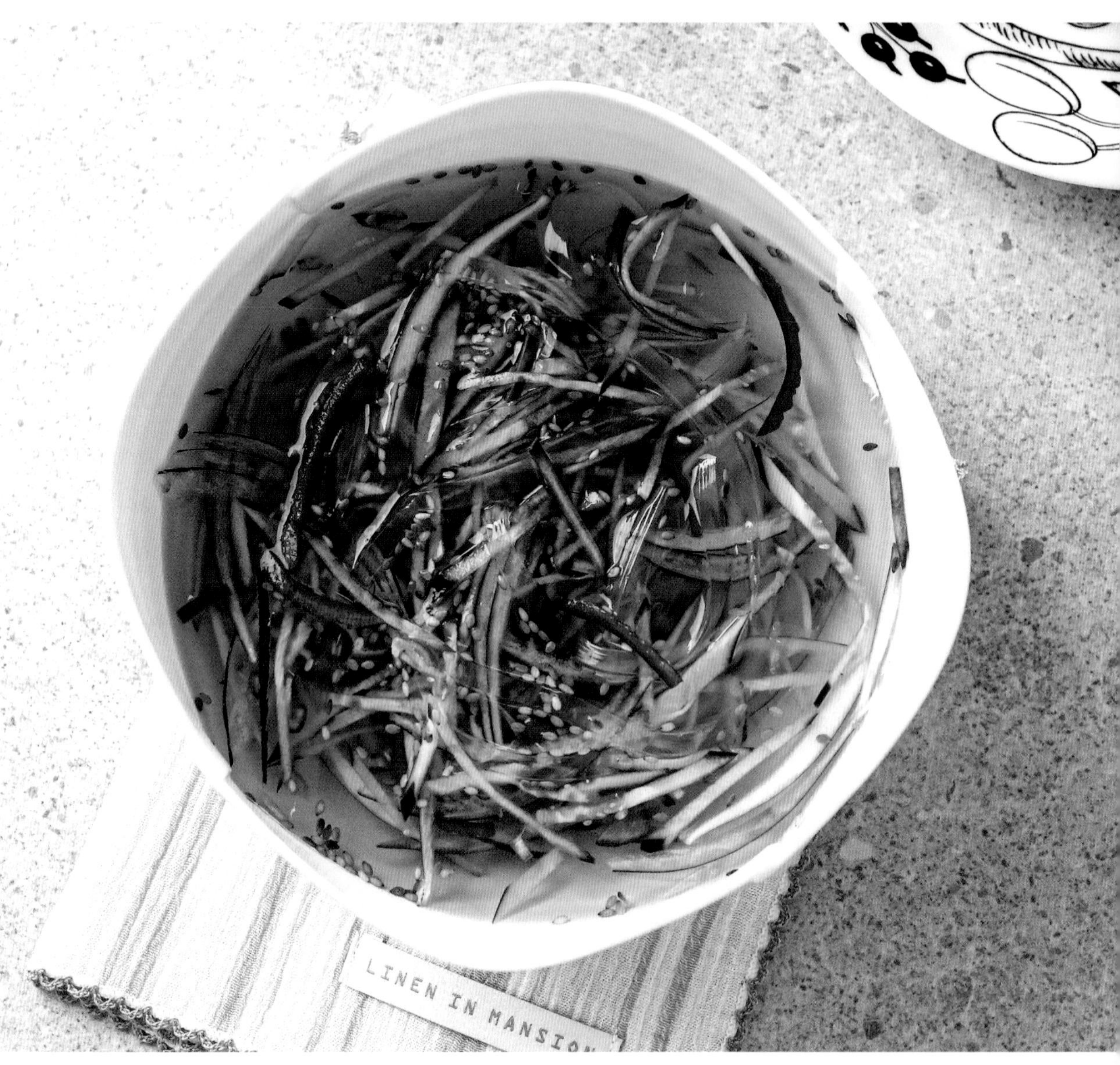

재료 2인분

- ☐ 채썬 우뭇가사리 400g
- ☐ 취청오이 1개
- ☐ 적양파 50g
- ☐ 홍고추 1개
- ☐ 청양고추 1개
- ☐ 통깨 1큰술

냉국물

- ☐ 다시마 육수 1,500mL
  p.16 만드는 법 참조
- ☐ 국간장 2큰술
- ☐ 식초 2큰술
- ☐ 오미자청(또는 매실청) 2큰술
- ☐ 설탕 1큰술
- ☐ 소금 1/2큰술

만들기

1 우뭇가사리(우무묵)는 찬물에 헹구고 체에 밭쳐 물기를 뺀다.

2 오이는 가시를 정리하고 얇게 채 썬다.

3 적양파는 얇게 채 썰고 얼음물에 담갔다가 체에 밭친다.

4 홍고추는 반 갈라 씨를 제거한 뒤 길게 채 썬다. 청양고추는 잘게 다지듯 썬다.

5 큰 볼에 분량의 냉국물 재료를 모두 넣고 잘 섞은 후 냉장고에 넣는다.

6 국물이 시원해지면 썰어놓은 재료를 모두 넣고 잘 섞은 후 통깨를 뿌려 낸다.

TIP 오미자청을 넣으면 국물 색이 예뻐요. 없을 땐 매실청을 사용하세요.

콩나물냉국

재료 2인분

- □ 콩나물 300g
- □ 대파 1/2대
- □ 청양고추 3개
- □ 마늘 3개
- □ 소금 1큰술

다시마 육수

- □ 물 1,200mL
- □ 다시마(4×4cm) 2장

만들기

1 콩나물은 꼬리 부분을 다듬고 깨끗이 씻어 채반에 밭친다.

2 대파와 청양고추는 어슷썰기하고, 마늘은 칼 옆으로 지긋이 눌러 으깬다.

3 냄비에 분량의 물과 다시마를 넣고 끓기 시작하면 5분 더 끓여 다시마를 건져내고 육수를 만든다.

4 ③에 손질한 콩나물과 마늘, 대파, 청양고추, 소금을 넣고 5분 끓인 후 그 상태로 식힌다.

5 국이 완전히 식어 국물에 재료의 맛이 우러나면 마늘, 청양고추, 대파를 건져낸다.

6 냉장고에 넣고 차가운 상태로 꺼내 먹는다.

돌나물묵사발냉국

재료 2인분

- □ 멸치 육수(차가운 것) 500mL
- □ 도토리묵 400g
- □ 익은 김치 70g
- □ 돌나물 30g
- □ 대파 1/3대
- □ 달걀 1개
- □ 소금 적당량
- □ 설탕 적당량

육수 양념

- □ 양조간장 2큰술
- □ 설탕 $1\frac{1}{2}$큰술
- □ 식초 1큰술
- □ 매실액 1큰술

김치 양념

- □ 올리고당 1작은술
- □ 참기름 1작은술
- □ 마늘 가루 약간

만들기

1 돌나물은 깨끗이 씻어 물기를 빼고 적당한 크기로 썬다.

2 도토리묵은 1cm 두께로 채 썰고 끓는 소금물에 1분 이내로 데쳐 찬물에 헹군 후 물기를 뺀다.

TIP 이렇게 하면 탱글탱글한 식감이 살아나요.

3 달걀은 잘 풀어서 소금, 설탕을 한 꼬집씩 넣고 지단을 만들어 채 썬다.

4 익은 김치는 잘게 썰어 분량의 김치 양념 재료를 넣고 조물조물 무친다. 대파는 길게 반 갈라 송송 썬다.

5 분량의 멸치 육수에 육수 양념 재료를 넣고 잘 섞는다.

TIP 육수는 전날 만들어 냉장고에 두고 차가운 상태로 사용하세요. 육수를 낼 때 조미술(미림이나 청주)을 1큰술 넣으면 잡내를 없앨 수 있어요.

6 ⑤에 도토리묵, 김치, 대파, 달걀지단을 올리고 그 위에 돌나물을 올려 낸다.

파프리카가지냉국

재료

2인분

- □ 다시마 육수(차가운 것) 600mL
- □ 가지 2개
- □ 파프리카(레드&옐로) 100g
- □ 쪽파 적당량
- □ 통깨 1큰술

가지 양념

- □ 국간장 1큰술
- □ 양조간장 1큰술
- □ 식초 1/2큰술
- □ 다진 마늘 1작은술
- □ 설탕 1작은술

냉국 양념

- □ 식초 1큰술
- □ 매실액 1큰술
- □ 소금 1작은술
- □ 설탕 1작은술

만들기

1 가지는 세로로 8등분(굵기에 따라 조절)하여 5cm 길이로 썬다.

2 썰어둔 가지를 전자레인지 용기에 담아 4~5분 돌리고 한 김 식힌다.

3 가지의 김이 빠지면 분량의 가지 양념 재료를 넣고 조물조물 무쳐 10분 그대로 둔다.

TIP 가지가 따뜻할 때 무쳐야 양념이 잘 스며 들어요.

4 파프리카는 속 부분을 제거하고 얇게 채 썬다.

5 차갑게 준비한 육수에 분량의 냉국 양념 재료를 넣어 잘 섞은 다음 가지 위에 붓는다.

6 파프리카, 잘게 썬 쪽파, 통깨를 올린다. 냉장고에 넣고 차가운 상태로 식탁에 낸다.

배추굴국

재료 2인분

- □ 멸치 육수 1,500mL
- □ 알배추 200g
- □ 무 200g
- □ 생굴 200g
- □ 마늘 30g
- □ 대파 1/2대
- □ 청양고추 1개
- □ 홍고추 1개
- □ 조미술(미림) 1큰술
- □ 된장 1큰술
- □ 초피액젓 1큰술
- □ 소금 1작은술

만들기

1 알배추는 한 장씩 떼어낸 뒤 깨끗이 씻어 세로로 3등분하고 다시 3cm 길이로 썬다.

2 무는 얇게 나박썰기한다.

3 굴은 소금물에 살살 흔들어 헹군 후 흐르는 물에 하나씩 씻어 채반에 밭쳐 물기를 뺀다.

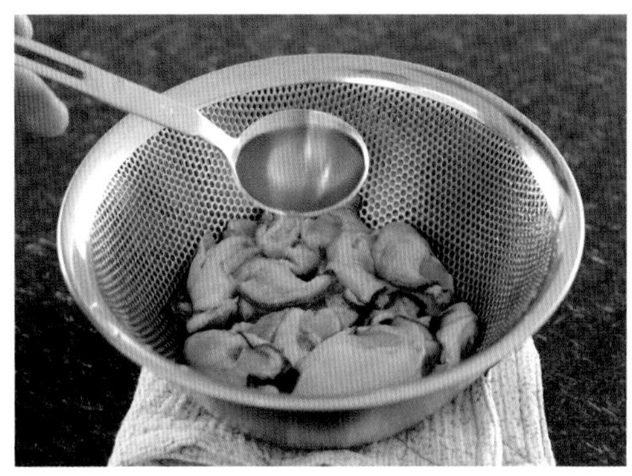

4 조미술을 넣고 잘 섞어 놓는다.

5 청양고추, 홍고추, 대파는 어슷썰기하고, 마늘은 칼 옆으로 지긋이 눌러 살짝 으깬다.

6 분량의 멸치 육수에 으깬 마늘을 넣고 5분 끓인 후 건져낸다.

7 된장을 채망을 이용해 덩어리지지 않게 풀고, 무를 넣어 5분 끓인다.

8 배추를 넣고 10분 더 끓인다.

9 마지막으로 굴을 넣고 국물이 한소끔 끓어오르면 초피액젓과 소금으로 간을 맞춘다.

10 청양고추, 홍고추, 대파를 넣고 마무리한다.

양념바지락살감잣국

재료

2인분

- □ 멸치 육수 1,000mL
  p. 17 만드는 법 참조
- □ 바지락살 120g
- □ 감자 300g
- □ 부추 60g
- □ 표고(밑동 자른 것) 40g
- □ 청양고추 1개
- □ 홍고추 1개
- □ 청주 1큰술
- □ 초피액젓 1큰술
- □ 참기름 1큰술
- □ 소금 1작은술

바지락 양념

- □ 양조간장 1큰술
- □ 고춧가루 1작은술
- □ 다진 마늘 1작은술
- □ 설탕 1작은술
- □ 참기름 1작은술

만들기

1 바지락살은 소금물에 흔들어 가며 씻어 흐르는 물에 헹군다.

2 끓는 물(500mL)에 분량의 청주를 넣고 바지락살을 3분 데친 후 채반에 옮겨 식힌다.

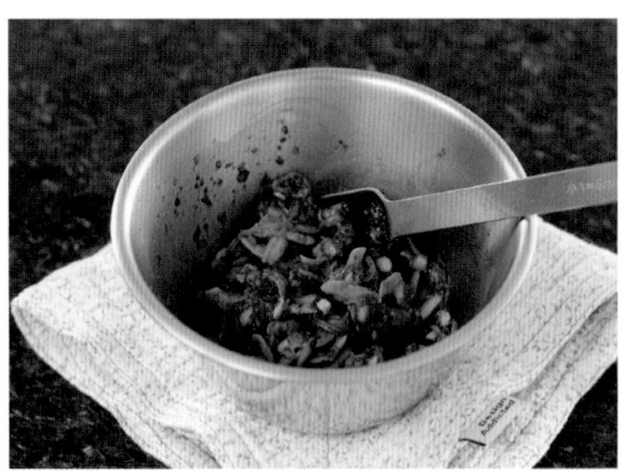

3 바지락살이 식으면 분량의 바지락 양념 재료를 넣고 조물조물 무친다.

4 감자는 0.5cm 두께로 썰고, 부추는 3cm 길이로 썬다. 표고는 잘게 다지듯 썬다.

5 청양고추, 홍고추도 잘게 다지듯 썬다.

6 냄비를 달군 후 한 김 식으면 참기름을 두르고 표고를 볶는다.

7 분량의 멸치 육수를 넣고 한소끔 끓으면 감자를 넣고 10분 더 끓인다.

8 초피액젓과 소금을 넣어 간을 맞춘 후 부추를 넣고 바로 불을 끈다.

9 그릇에 따뜻한 국을 담고 청양고추, 홍고추를 올린다. 양념한 바지락살도 소복이 올려낸다.

소고기대파국

재료 2인분

- ☐ 소고기(국거리) 300g
- ☐ 대파 350g
- ☐ 무 300g
- ☐ 다시마(6×6cm) 1장
- ☐ 조미술(미림) 1큰술
- ☐ 참기름 1큰술
- ☐ 초피액젓 1큰술
- ☐ 소금 1작은술

대파 양념

- ☐ 국간장 2큰술
- ☐ 고춧가루 1큰술
- ☐ 다진 마늘 1큰술
- ☐ 설탕 1/2 큰술

1 소고기는 찬물에 5분 담가 핏물을 뺀 뒤 흐르는 물에 헹구고 채반에 밭친다.

2 무는 도톰하게(1cm 두께) 나박썰기하고, 대파는 6cm 길이로 썬 뒤 세로로 2~3등분한다.

3 끓는 물에 대파를 넣고 1분 데친 후 채반에 옮겨 식힌다.

4 대파가 식으면 분량의 대파 양념 재료를 모두 넣고 조물조물 무친다.

5 냄비를 달군 후 한 김 식으면 분량의 참기름을 두르고 무를 볶는다.

6 소고기와 조미술을 넣고 고기가 익을 때까지 볶는다.

7 다시마와 물(1,200mL)를 붓는다. 국물이 끓어오르면 뚜껑을 덮고 중약불에서 20분 끓인다.

8 떠오르는 기름을 걷어내고 다시마를 건져낸 다음 양념한 대파를 넣는다. 다시 끓어오르면 뚜껑을 덮고 20분 푹 끓인다.

9 분량의 초피액젓, 소금으로 간을 맞추고 완성한다.

새우뭇국

재료

2인분

- □ 새우(대하) 100g
- □ 무 300g
- □ 멸치 육수 1,000mL
- □ 대파 1/2대
- □ 청양고추 1개
- □ 홍고추 1개
- □ 참기름 1큰술
- □ 초피액젓 1큰술
- □ 국간장 1/2큰술
- □ 다진 마늘 1/2큰술
- □ 쑥갓 적당량

만들기

1 무는 1cm 두께로 채 썬다.

2 대파는 어슷하게 썰고 청양고추, 홍고추는 잘게 다지듯 썬다. 쑥갓은 3cm 길이로 썬다.

3 새우(대하)는 껍질을 벗기고 머리를 뗀 다음 송송 썬다.

4 냄비에 분량의 참기름을 두르고 채 썬 무를 넣고 볶는다.

5 멸치 육수를 부어 국물이 끓어오르면 뚜껑을 덮고 15분 끓인다.

6 새우를 넣고 초피액젓, 국간장, 다진 마늘을 넣고 간을 맞춘다.

7 국물이 한소끔 끓어오르면 대파, 청양고추, 홍고추를 넣고 마무리한다.

8 그릇에 담고 쑥갓을 올려낸다.

TIP 취향에 따라 후춧가루를 뿌려 드세요.

조개미소장국

재료

2인분

- □ 모시조개 400g
- □ 두부 150g
- □ 팽이버섯 40g
- □ 미소 된장 4큰술
- □ 쪽파 적당량

가쓰오부시 육수

- □ 물 1,500mL
- □ 국물용 가쓰오부시 30g
- □ 다시마 10g

모시조개 해감

- □ 물 1,000mL
- □ 굵은소금 2큰술

만들기

1 조개는 해감용 재료에 넣고 어두운 상태로 최소 2시간 이상 두어 해감한 뒤 깨끗이 씻어 준비한다.

2 냄비에 분량의 물과 다시마를 넣고 끓인다. 국물이 끓어오르면 중불에서 5분 더 끓인다.

3 다시마를 건져내고, 차가운 물 한 컵 넣은 다음 가쓰오부시를 뭉치지 않게 넣는다.

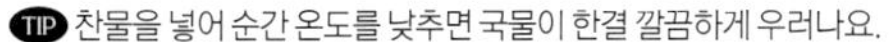
TIP 찬물을 넣어 순간 온도를 낮추면 국물이 한결 깔끔하게 우러나요.

4 5분 후 체에 걸러 육수를 완성한다.

5 팽이버섯은 잘게 썰고 두부는 먹기 좋은 크기로 썬다.

6 냄비에 가쓰오부시 육수를 넣고 미소 된장을 풀어 한소끔 끓인다.

TIP 미소 된장은 밀도가 높으니 충분히 잘 풀어 주세요.

7 두부와 조개를 넣고 껍데기가 벌어질 때까지 끓인다.

8 팽이버섯을 넣고 한소끔 더 끓여 그릇에 담고 쪽파를 송송 썰어 올린다.

백김치

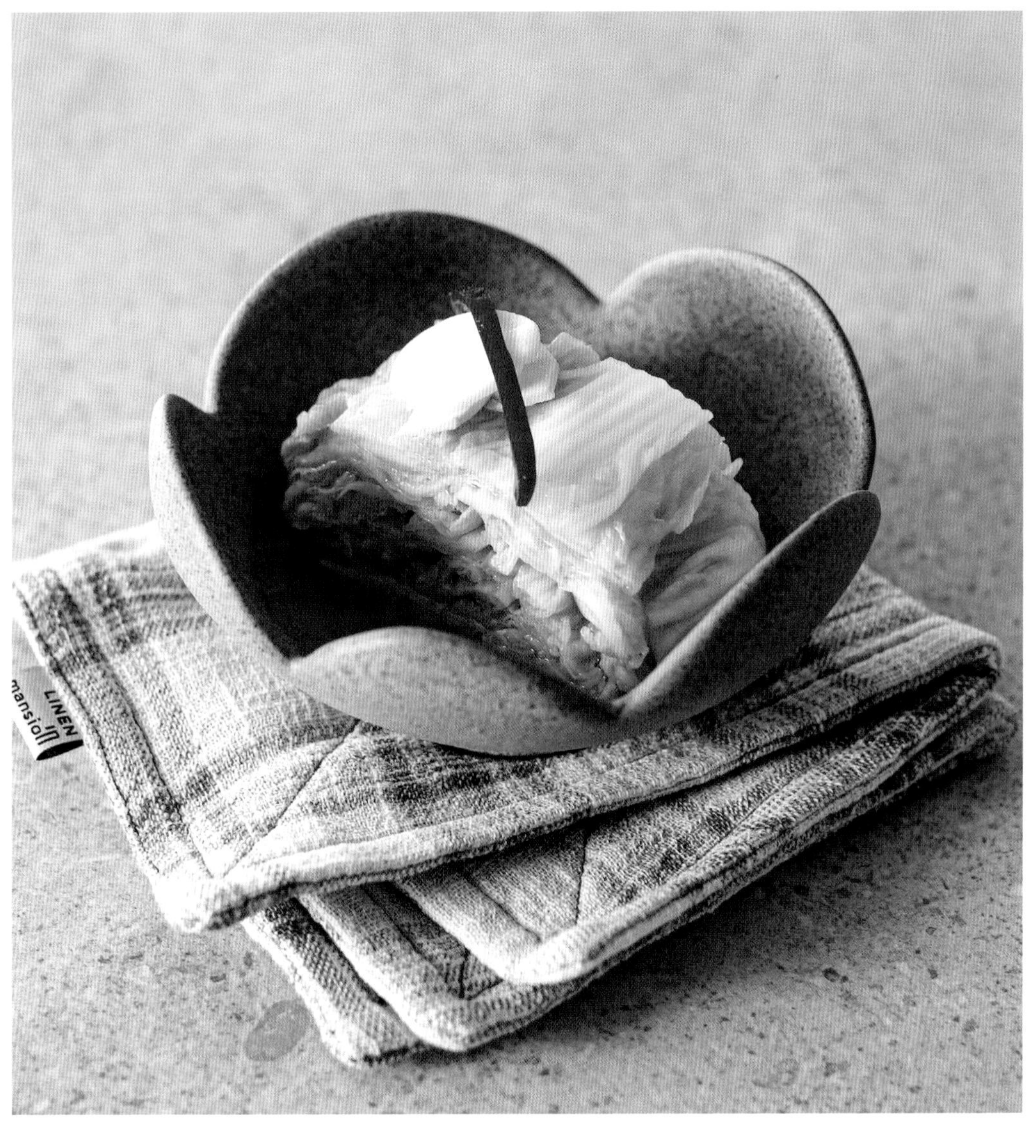

재료

- ☐ 배추 2.5kg
- ☐ 마늘 100g
- ☐ 밤(껍질 벗긴 것) 60g
- ☐ 홍고추 2개
- ☐ 대파 1대

배추 절임

- ☐ 물 2,500mL
- ☐ 천일염 200g(+200g)

찹쌀풀

- ☐ 물 500mL
- ☐ 찹쌀 가루 4큰술

김치물

- ☐ 물 1,000mL
- ☐ 사이다 300mL
- ☐ 꽃소금 2큰술

만들기

1 배추는 밑동 부분에 칼날을 넣어 반 쪼갠다. 크기가 큰 것은 4등분한다.

2 큰 볼에 배추 절임 재료를 넣고 잘 섞는다.

3 배추를 펼쳐 담고 소금물에 살살 흔들어 적신 다음, 천일염 200g을 배추 줄기 사이사이 뿌려 2시간 정도 절인다.

TIP 중간에 30분 간격으로 4회 뒤집어 주세요.

4 컵에 분량의 찹쌀풀 재료를 넣고 잘 섞어 놓는다.

5 냄비에 김치물 재료 속 물을 넣고 끓인 다음 꽃소금과 찹쌀풀을 넣고 한소끔 더 끓여 잘 저은 후 완전히 식힌다.

6 마늘과 밤은 편으로 썬다. 홍고추는 반 갈라 씨를 빼내고 얇게 채 썬다.

7 배추가 절여지면 찬물에 2~3회 헹구고 채반에 발쳐 30분 정도 물기를 뺀다.

8 통에 대파를 깔고 절인 배추를 펼쳐 담는다. 그런 다음 배춧잎 사이사이에 썰어둔 마늘과 밤, 홍고추를 끼워 넣는다.

9 분량의 사이다와 차갑게 식힌 찹쌀풀물을 붓고 실온에서 숙성 후 냉장고에 넣어두고 먹는다.

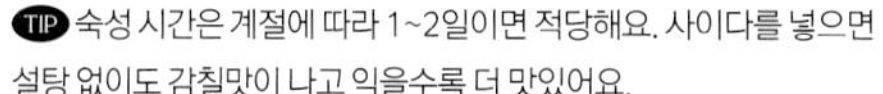

TIP 숙성 시간은 계절에 따라 1~2일이면 적당해요. 사이다를 넣으면 설탕 없이도 감칠맛이 나고 익을수록 더 맛있어요.

나박김치

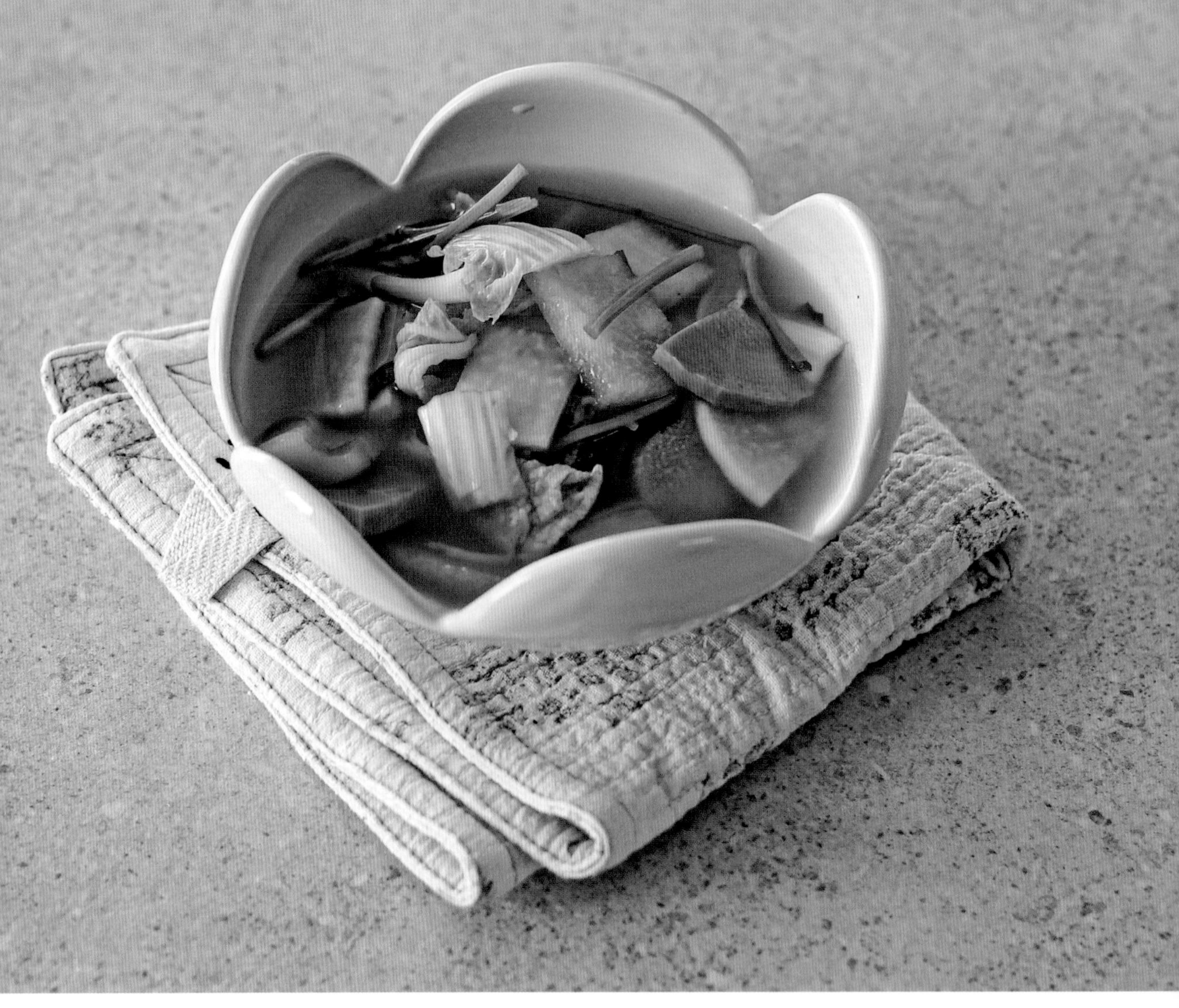

재료

- ☐ 무 400g
- ☐ 알배추 200g
- ☐ 오이 1개(200g)
- ☐ 배 100g
- ☐ 당근 100g
- ☐ 미나리 30g
- ☐ 쪽파 40g
- ☐ 생강 40g
- ☐ 마늘 30g
- ☐ 고운 고춧가루 20g
- ☐ 매실액 2큰술
- ☐ 설탕 1큰술
- ☐ 꽃소금 $1\frac{1}{2}$큰술
- ☐ 사과주스 50mL
- ☐ 물 1,500mL

만들기

1 무는 0.5cm 두께로 나박썰기하고, 알배추는 세로로 길게 2등분하여 무와 같은 크기로 썬다.

2 썰어놓은 무와 알배추를 잘 씻어 물기를 뺀 후 큰 볼에 담고, 분량의 설탕을 넣고 버무린 다음 20분 그대로 둔다.

3 깨끗이 씻은 오이는 세로로 길게 반 썰고 씨를 긁어낸다. 그런 다음 다시 세로로 반 자르고 2cm 길이로 썬다.

4 배와 당근은 0.5cm 두께로 나박썰기한다. 미나리와 쪽파는 4cm 길이로 썬다.

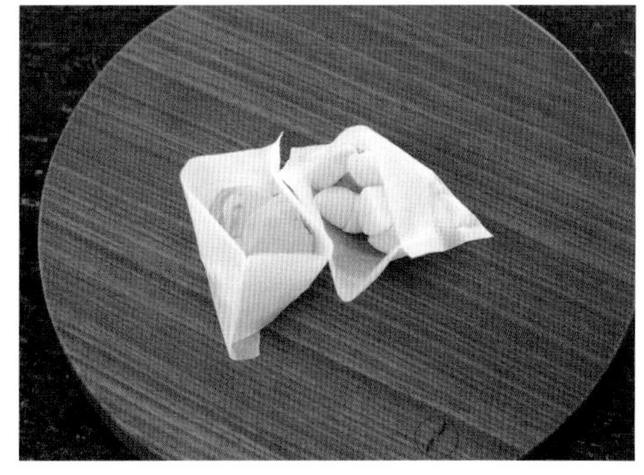

5 마늘과 생강은 반으로 썰고, 면포(베주머니)에 넣는다.

6 면포(또는 베주머니)에 고춧가루를 넣고, 분량의 생수에 담가 손으로 조물조물해가며 잘 푼다.

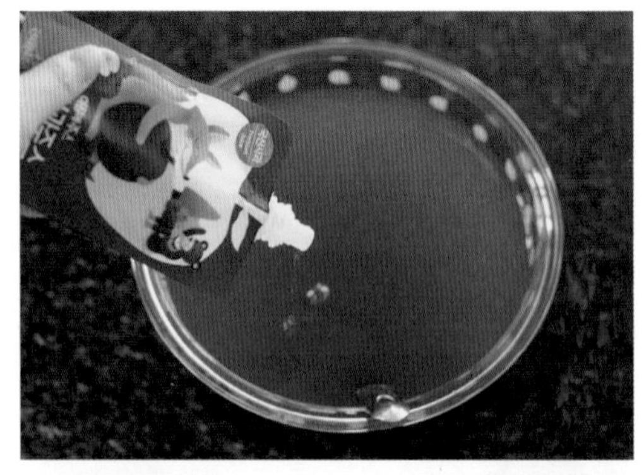

7 ⑥에 분량의 꽃소금을 넣어 잘 풀고, 매실액, 사과주스도 넣는다.

8 큰 볼에 절인 무와 알배추, 오이, 배, 당근, 미나리, 쪽파를 넣고 김칫국물을 부어 골고루 섞는다.

9 김치통에 담고 생강과 마늘 베주머니를 넣어 실온에서 하루 숙성 후 김치냉장고에 넣어 두고 먹는다.

국물깍두기

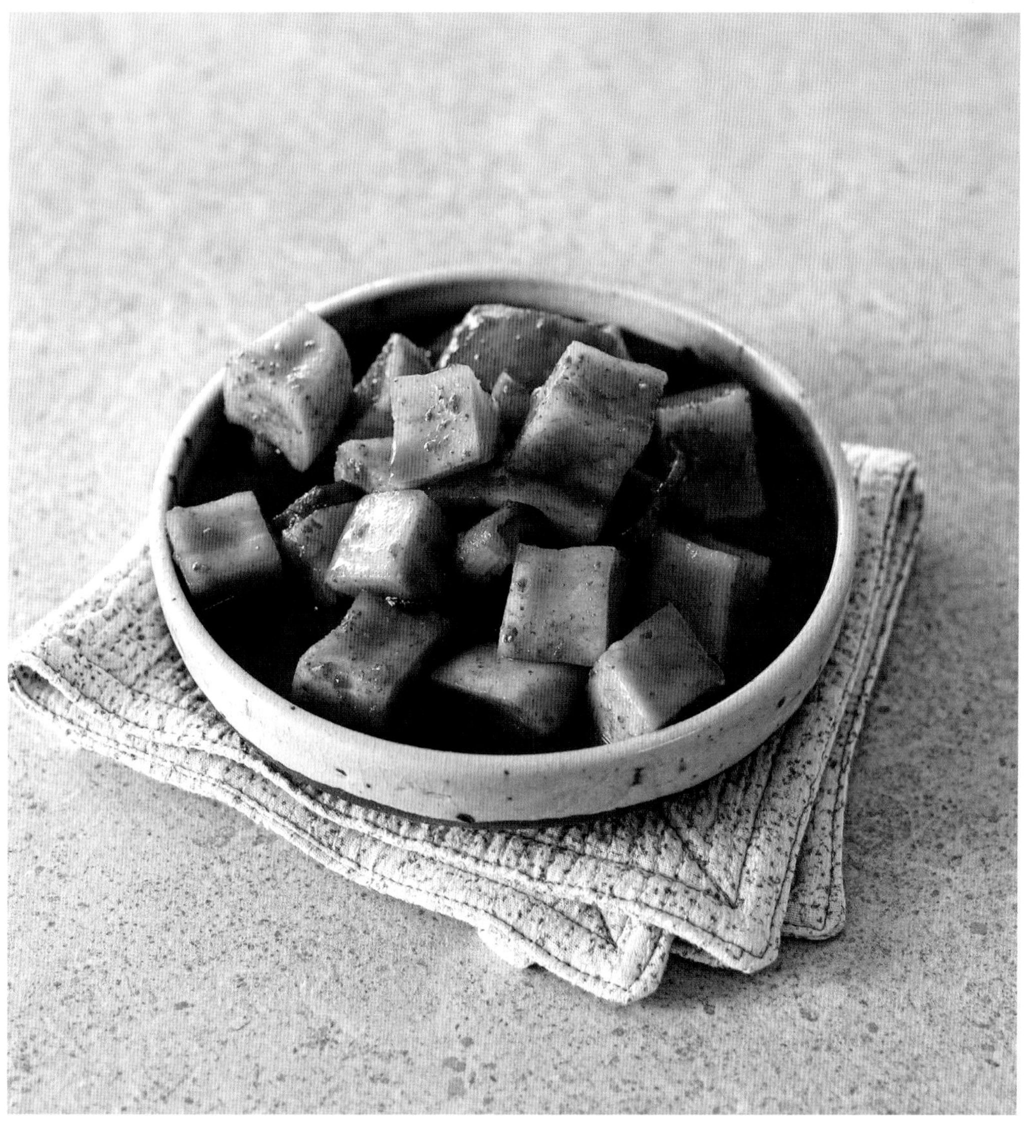

재료

- ☐ 무 1.5kg
- ☐ 배 200g
- ☐ 양파 100g
- ☐ 대파 1대
- ☐ 쪽파 40g

찹쌀 풀

- ☐ 물 700mL
- ☐ 찹쌀가루 2큰술

양념

- ☐ 고춧가루 80g
- ☐ 초피액젓 120mL
- ☐ 설탕 3큰술
- ☐ 매실액 3큰술
- ☐ 다진 마늘 2큰술

만들기

1 무는 껍질째 2cm 두께로 깍둑썰기한다.

2 대파는 도톰하게 썰고, 쪽파는 5cm 길이로 썬다.

3 냄비에 분량의 찹쌀가루와 물을 넣고 잘 섞은 후 한소끔 끓여 식힌다.

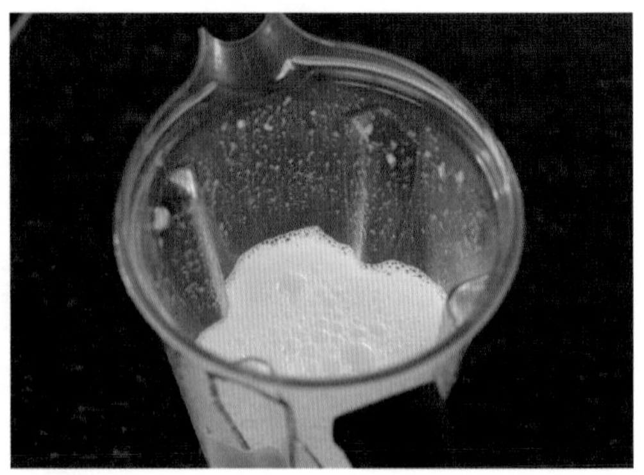

4 믹서에 분량의 배와 양파를 적당한 크기로 썰어 넣고, 식힌 찹쌀풀도 넣어 곱게 간다.

5 볼에 고춧가루를 뺀 분량의 양념 재료를 모두 넣고 잘 섞는다.

6 무에 분량의 고춧가루를 넣고 잘 버무려 색을 입힌다.

7 ⑥에 섞어놓은 양념과 대파, 쪽파, 갈아놓은 재료를 넣고 잘 버무려 통에 담는다.

8 계절에 따라 1~2일 실온에서 숙성 후 김치냉장고에 넣어 두고 먹는다.

오이마늘종겉절이

재료

- ☐ 백오이 3개
- ☐ 마늘종 130g

오이 손질

- ☐ 굵은소금 2큰술

오이 절임

- ☐ 물 800mL
- ☐ 굵은소금 2큰술

양념

- ☐ 고춧가루 3큰술
- ☐ 초피액젓 3큰술
- ☐ 매실액 2큰술
- ☐ 설탕 1큰술
- ☐ 다진 마늘 1큰술
- ☐ 통깨 1큰술
- ☐ 꽃소금 1작은술
- ☐ 생강즙 1작은술

만들기

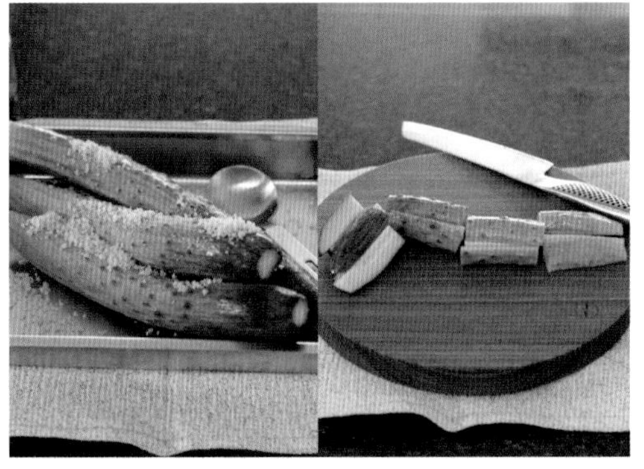

1 백오이는 굵은소금으로 문질러 깨끗이 씻은 후 세로로 4등분하고 6cm 길이로 썬다.

TIP 백오이는 식감이 부드럽고 단맛이 있어요. 껍질이 매끄러워 손질하기 편해 겉절이용으로 적합해요.

2 마늘종은 깨끗하게 씻어 6cm 길이로 썬다.

3 볼에 손질한 오이와 마늘종을 담는다. 그런 다음 냄비에 분량의 오이 절임 재료를 넣고 끓인 물을 붓는다. 30분 후 찬물에 헹구고 물기를 뺀다.

4 볼에 분량의 양념 재료를 모두 넣고 잘 섞는다.

5 큰 볼에 오이, 마늘종, 양념을 넣고 오이가 물러지지 않게 살살 버무린다.

6 용기에 담아 냉장 보관하고 먹는다.

쪽파김치

재료

- ☐ 쪽파 200g
- ☐ 양파 40g
- ☐ 초피액젓 3큰술
- ☐ 고춧가루 3큰술
- ☐ 매실액 1큰술
- ☐ 올리고당 1큰술
- ☐ 설탕 1/2큰술
- ☐ 통깨 1큰술

만들기

1 쪽파는 깨끗이 씻은 후 물기를 뺀다.

2 볼에 쪽파 뿌리 부분이 바닥에 닿도록 펼쳐 놓고, 분량의 초피액젓을 넣고 30분 절인다.

TIP 중간에 여러 번 뒤집어 주세요.

3 양파는 강판에 간다. 갈은 양파에 분량의 설탕, 매실액, 올리고당을 넣고 잘 섞어 김치 양념을 만든다.

4 절인 쪽파에 분량의 고춧가루를 골고루 뿌리고 손으로 잘 섞는다.

5 쪽파에 양념을 고루 펴 바른다.

6 양념이 배도록 잘 버무려 통에 담고 통깨를 뿌린다.

TIP 취향에 따라 실온 숙성 후 냉장 보관을 하거나 바로 냉장 보관을 하고 먹으면 됩니다.

명란젓양념

재료

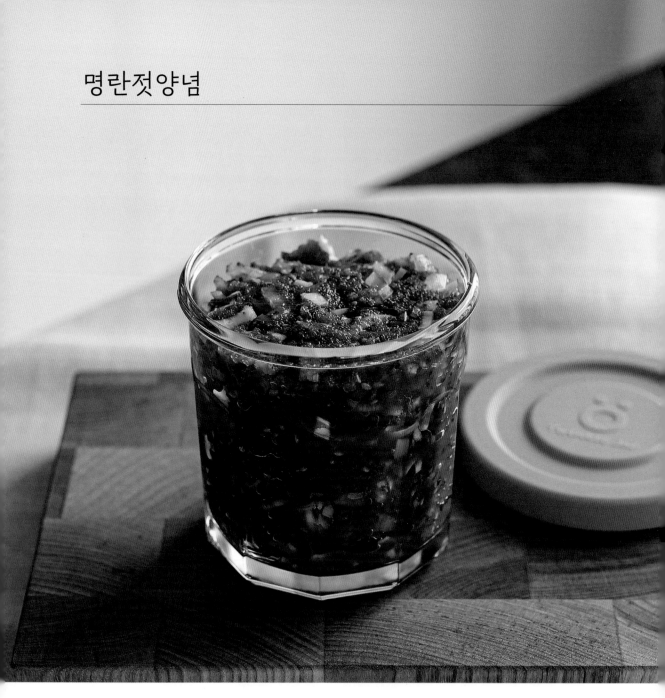

☐ 저염 명란 300g
☐ 청양고추 2개
☐ 대파 흰 부분 1/2대
☐ 양파 50g

양념
☐ 고춧가루 1큰술
☐ 통깨 1큰술
☐ 마늘 가루 1작은술
☐ 설탕 1작은술
☐ 올리고당 1큰술
☐ 참기름 1큰술

만들기

1 명란은 껍질을 벗기고 속살만 바른다.

2 대파는 세로로 4등분한 뒤 잘게 썬다.

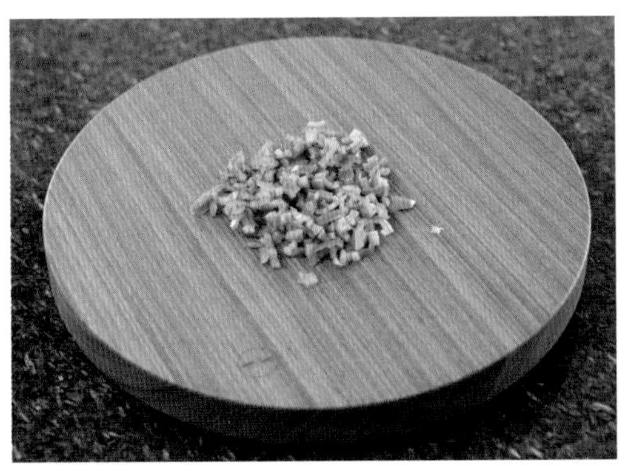

3 청양고추는 세로로 4등분한 뒤 씨를 발라내고 잘게 썬다.

4 양파는 다지듯 잘게 썬다.

5 볼에 명란을 담고, 썰어둔 채소와 분량의 양념 재료를 모두 넣고 골고루 섞는다.

6 용기에 담아 냉장 보관하고 먹는다.

바지락시금치볶음

재료

- ☐ 바지락 500g
- ☐ 시금치 200g
- ☐ 마늘 30g
- ☐ 청양고추 2개
- ☐ 홍고추 1개
- ☐ 포도씨유 2큰술
- ☐ 청주 1큰술
- ☐ 초피액젓 1큰술
- ☐ 조미술(미림) 1큰술
- ☐ 화이트 와인 식초 1/2큰술
- ☐ 콩가루 1큰술

해감

- ☐ 물 1,000mL
- ☐ 굵은소금 2큰술

만들기

1 바지락은 미리 해감해 흐르는 물에 한 번 씻어 짠물을 뺀다.

TIP 해감할 때는 먼저 흐르는 물에 박박 문질러 깨끗이 씻은 후 분량의 소금물에 담가 어두운 상태로 2시간 이상 두세요.

2 시금치는 작은 다발은 뿌리 쪽만 다듬고, 큰 다발은 뿌리 부분을 아예 잘라낸 후 다듬고 씻어서 물기를 뺀다.

3 마늘은 칼 옆으로 지그시 눌러 으깬다.

4 청양고추와 홍고추는 어슷썰기한다.

5 팬에 포도씨유를 두르고 마늘, 바지락, 청주를 넣고 볶는다.

6 바지락 껍질이 벌어지기 시작하면 시금치와 청양고추를 넣고 잘 섞은 후 초피액젓, 조미술을 넣어 살짝 볶는다.

7 홍고추, 화이트 와인 식초, 콩가루를 넣고 잘 섞어 마무리한다.

항정살마늘볶음

재료

- □ 돼지고기(항정살) 300g
- □ 마늘 50g
- □ 대파 1대
- □ 오이 1개
- □ 포도씨유 1작은술
- □ 깨소금 1큰술

오이 절임

- □ 식초 2큰술
- □ 소금 1큰술
- □ 설탕 1큰술

고기 밑간

- □ 부침가루 1큰술
- □ 소금 두 꼬집

양념

- □ 굴소스 2큰술
- □ 조미술(미림) 1큰술
- □ 올리고당 1큰술
- □ 고춧가루 1작은술
- □ 생강즙 1작은술

만들기

1 오이는 깨끗이 씻어 얇게 채 썬다.

2 볼에 오이와 분량의 오이 절임 재료를 넣고 잘 섞어 30분 그대로 둔다.

3 절인 오이는 면포에 넣고 물기를 꼭 짜내고 깨소금을 넣어 무친다.

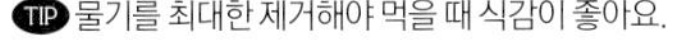

TIP 물기를 최대한 제거해야 먹을 때 식감이 좋아요.

4 고기는 5cm 길이로 썰고, 고기 밑간 재료와 함께 골고루 섞어 놓는다.

5 마늘은 그대로 사용한다. 대파는 얇은 건 그대로, 두꺼운 건 세로로 2등분한 뒤 3cm 길이로 썬다.

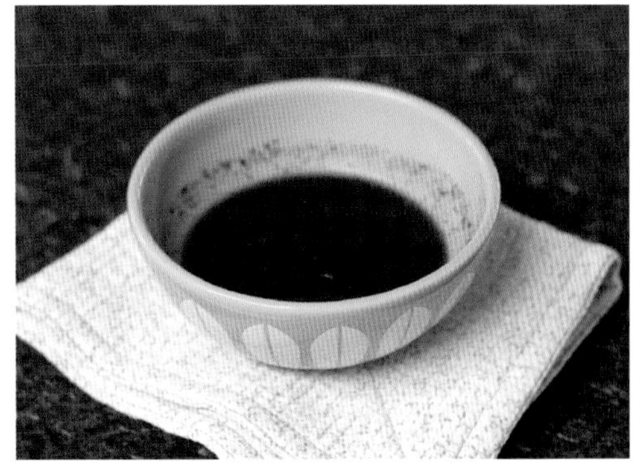

6 작은 볼에 분량의 양념 재료를 모두 넣고 잘 섞는다.

7 팬에 포도씨유를 두르고 고기를 볶는다.

8 고기가 반쯤 익으면 마늘을 넣고 볶는다.

TIP 이때 키친타월로 기름을 제거해 주세요.

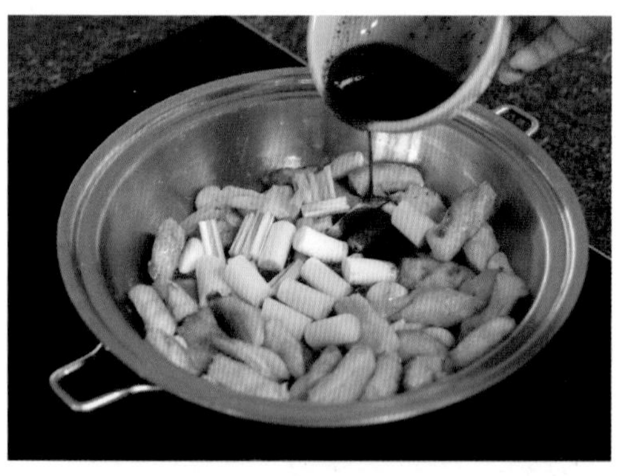

9 고기가 거의 익으면 ⑥의 양념과 대파를 넣고 양념이 고루 스며들도록 볶는다.

10 예쁜 그릇에 담고 오이절임을 곁들여 낸다.

들깨숙주나물무침

재료

- ☐ 숙주나물 200g
- ☐ 게맛살(김밥용) 100g
- ☐ 대파 잎 부분 1/2대
- ☐ 홍고추 1개
- ☐ 식용유 1큰술
- ☐ 다진 마늘 1/2큰술
- ☐ 초피액젓 1/2큰술
- ☐ 국간장 1/2큰술
- ☐ 올리고당 1큰술
- ☐ 들깻가루 1큰술
- ☐ 소금 1작은술

만들기

1 숙주나물은 깨끗이 씻은 후 끓는 물(1,500mL)에 분량의 소금을 넣고 강불에서 1분 이내로 데친다. 그런 다음 채반에 밭쳐 물기를 뺀다.

2 게맛살은 6~7cm 길이로 썰고 가늘게 찢는다.

3 대파는 게맛살과 같은 크기로 채 썰고, 홍고추도 씨를 뺀 후 같은 크기로 채 썬다.

4 달군 팬에 분량의 식용유를 두르고 다진 마늘을 넣고 약불에서 볶아 향을 낸다.

5 게맛살을 넣고 볶는다.

6 숙주나물과 분량의 초피액젓, 국간장을 넣고 재빨리 볶은 후 불을 끈다.

7 대파와 홍고추를 넣고 마무리로 올리고당을 넣어 잘 섞는다.

8 접시에 담고 들깻가루를 뿌려 식탁에 낸다.

달걀달래장조림

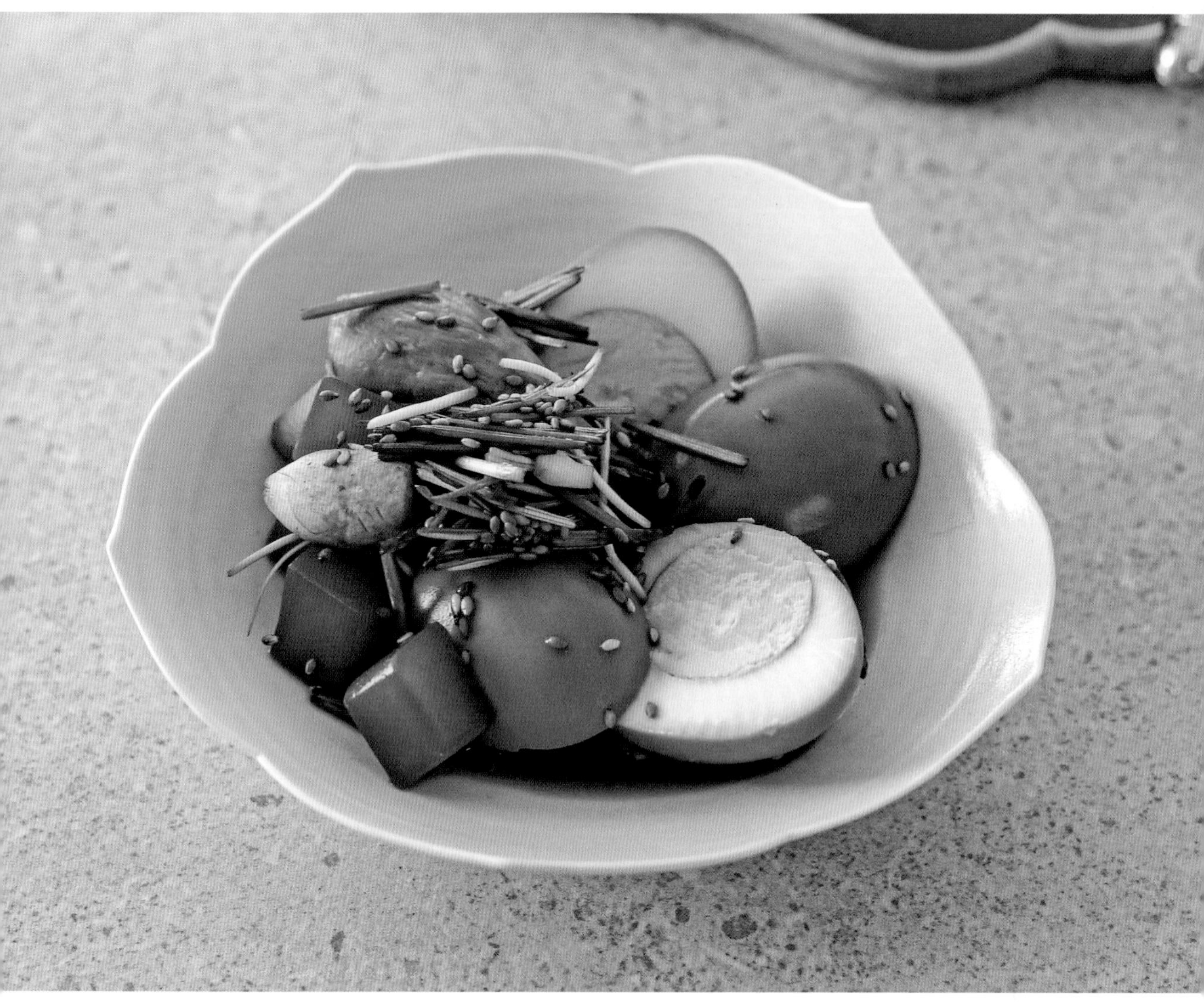

재료

- □ 달걀(특란) 8개
- □ 달래 50g
- □ 곤약 100g
- □ 미니새송이버섯 100g
- □ 통깨 2큰술
- □ 조청 1/2큰술

달걀 삶음

- □ 식초 1큰술
- □ 소금 1/2큰술
- □ 물 1,500mL

조림장

- □ 진간장 100mL
- □ 국간장 1큰술
- □ 설탕 1큰술
- □ 조미술(미림) 3큰술
- □ 청주 1큰술
- □ 올리고당 1큰술
- □ 물 700mL
- □ 다시마(4×4cm) 1장

만들기

1 냄비에 달걀 삶음 재료와 달걀을 넣고 끓인다. 처음엔 중불로, 물이 끓어오르면 중약불로 줄여 15분 동안 삶고, 찬물에서 10분 담가 껍질을 벗긴다.

2 곤약은 깍둑썰기한 다음 끓는 물에 살짝 데쳐 물기를 뺀다.

3 버섯은 밑동을 손질하고 크기가 큰 것은 반 자른다.

4 달래는 깨끗이 손질 후 식촛물에 5분 정도 담갔다가 헹구고 물기를 뺀다. 그런 다음 3cm 길이로 썬다.

TIP 달래는 뿌리 부분의 흙을 털고 알뿌리에 붙은 투명 껍질을 제거한 다음 물에 살살 흔들어가며 씻어요.

5 냄비에 분량의 조림장 재료를 모두 넣고 강불에서 5분 끓인다. 국물이 끓어오르면 다시마는 건져낸다.

6 달걀, 곤약, 버섯을 넣고 중강불에서 15분 끓인다.

7 국물이 1/3 정도로 줄어들면 분량의 조청을 넣고 잘 섞은 후 불을 끄고 식힌다.

8 보관 용기에 달걀을 비롯한 건더기들을 담고, 달래와 통깨를 올린 후 국물을 부어 냉장고에 넣고 반나절 숙성 후 먹는다.

TIP 달래는 장조림이 식은 후에 넣어야 고유의 맛과 향을 제대로 느낄 수 있어요.

꽈리고추두부장조림

재료

☐ 손두부 300g
☐ 꽈리고추 50g
☐ 포도씨유 2큰술
☐ 소금 적당량

조림장

☐ 진간장 2큰술
☐ 조미술(미림) 1큰술
☐ 매실액 1큰술
☐ 올리고당 1큰술
☐ 생강즙 1작은술

만들기

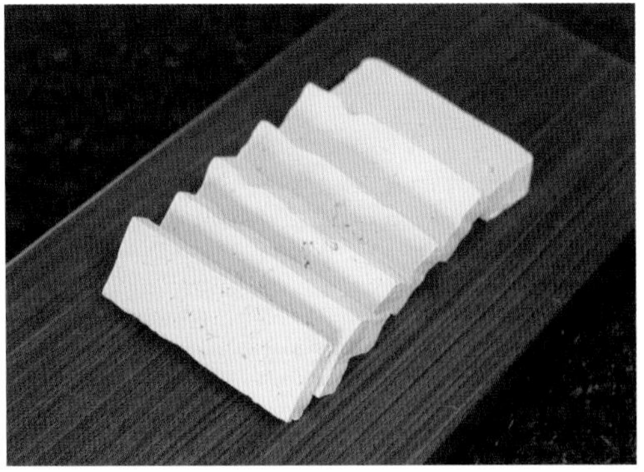

1 손두부는 흐르는 물에 헹궈 보기 좋은 크기(3.5×10×2cm)로 썬다.

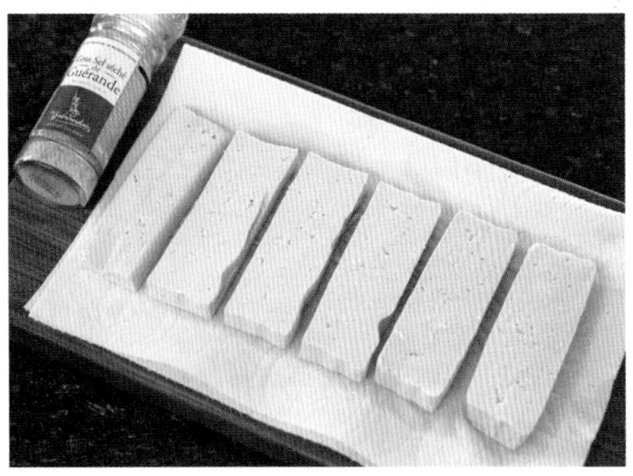

2 두부를 키친타월로 감싸 물기를 제거한 뒤, 양쪽 면에 소금을 약간씩 뿌린다.

3 꽈리고추는 깨끗이 씻은 후 포크로 앞뒤에 구멍을 낸다.

4 볼에 분량의 양념 재료를 모두 넣고 잘 섞어 조림장을 만든다.

5 팬에 식용유를 두르고 두부를 앞뒤로 노릇하게 굽는다.

TIP 소금 때문에 두부에 물이 생길 수 있으니, 굽기 전 키친타월로 한 번 더 가볍게 두드려 물기를 제거하세요.

6 두부가 다 구워지면 팬 위에 남은 기름을 닦아내고, 조림장을 부어 중불에서 5분 조리한다. 중간에 두부를 앞뒤로 뒤집는다.

7 양념이 끓어오르면 꽈리고추를 넣고 중약불로 줄여 양념이 스며들도록 조린다.

8 재료에 양념이 잘 배면 불을 끄고 접시에 담는다.

INDEX

감자달걀덮밥 206
고기말이양배추쌈밥 226
국물깍두기 329
굴영양솥밥 114
규(소고기)카츠덮밥 222
김치눈꽃치즈밥 150
깍두기대패삼겹살볶음밥 176
깍두기명란솥밥 050
꽈리고추두부장조림 354
나박김치 326
낙지김치죽 248
다슬기해장국밥 272
단호박닭고기샐러드 290
달걀달래장조림 350
달래꼬막솥밥 100
닭가슴살카레볶음밥 186
닭한마리솥밥 066
더덕불고기솥밥 134
도라지오징어솥밥 060
돌나물묵사발냉국 304
돼지고기가지덮밥 202
돼지고기파인애플밥 166
두부소고기솥밥 094
들깨숙주나물 346
랍스터소고기솥밥 054
매운낙지볶음솥밥 044
매콤두부부추덮밥 194
멸치김주먹밥 242
명란감태주먹밥 242
명란젓양념 336
모둠버섯가지솥밥 074
모둠버섯순두부덮밥 198
묵은지낙지말이밥 234
미역줄기잡채덮밥 214
바지락시금치볶음 338
밥새우연근조림솥밥 118
배추굴국 308
백김치 323
백미솥밥 030
보리쌀솥밥 034
새우된장국밥 276
새우뭇국 317
새우영양죽 252
소고기고추장볶음밥 180
소고기대파국 314
소고기수육국밥 264
소고기카레솥밥 086
솥밥누룽지 033

숙성미나리연어솥밥 106
순두부국밥 256
스테이크양배추솥밥 110
아욱보리새우국밥 268
애호박연어말이밥 238
양념꼬막덮밥 210
양념바지락살감잣국 311
얼큰버섯국밥 284
오이마늘종겉절이 332
우뭇가사리오이냉국 300
우엉튀김을 올린 차돌박이꽈리고추조림솥밥 080
유부베이컨말이밥 230
전복미역솥밥 144
전복채소냉채 296
조개미소장국 320
주키니호박대게살솥밥 124
죽순해물덮밥 218
쪽파김치 334
차돌박이영양부추샐러드 293
차돌시래기국밥 280
초당옥수수가지고기밥 158
콩나물냉국 302
콩나물돼지고기솥밥 128
키조개소갈빗살밥 170
토마토올리브새우밥 162
파인애플새우볶음밥 190
파프리카가지냉국 306
항정살마늘볶음 342
해물콩나물국밥 260
해산물토마토솥밥 090
현미솥밥 038
황태무솥밥 140
훈제오리단호박밥 154

오늘도, 근사한 밥

초판 1쇄 발행 2025년 3월 25일

지은이 여나테이블
책임편집 홍성희
진행 송기자

디자인 ALL design group

펴낸곳 빛날; 희
출판등록 2015년 10월 26일, 제 2016-000082호
내용·구입 문의 youcoffee@gmail.com
ISBN 979-11-990483-2-4 13590